· The Formation of Vegetable Mould, Through the Action of Worms with Observations on Their Habits ·

“达尔文先生这一重磅力作内容丰富，充分彰显了他的过人天赋。这是出自他笔下的又一经典……其魅力之一是极为通俗易懂……该书实属雅俗共赏之作，每页都趣味无穷。”

——《伦敦科学院》

“达尔文先生这本关于蚯蚓习性和本能的小书，一如他以前的皇皇巨著，观察独到，对事实的解释令人信服，得出的结论无懈可击……所有博物学爱好者都应该感谢达尔文先生的贡献，他使我们对长期被忽略的蚯蚓结构与功能，获得了十分有益且非常有趣的新知。”

——《星期日书评》

“作者的细微观察揭示了微小蚯蚓的集体力量足以改变宏伟的地球外貌，令人读后耳目一新、心悦诚服。”

——《纽约画报》

本书列入“十四五”国家重点图书出版规划

科学元典丛书

The Series of the Great Classics in Science

科学元典是科学史和人类文明史上划时代的丰碑，是人类文化的优秀遗产，是历经时间考验的不朽之作。它们不仅是伟大的科学创造的结晶，而且是科学精神、科学思想和科学方法的载体，具有永恒的意义和价值。

腐殖土的形成与蚯蚓的作用

The Formation of Vegetable Mould Through the Action of Worms with Observations on Their Habits

[英] 达尔文 著　舒立福 译

图书在版编目（CIP）数据

腐殖土的形成与蚯蚓的作用 /（英）查尔斯·达尔文著；舒立福译．-- 北京：北京大学出版社，2025. 4.
（科学元典丛书）. -- ISBN 978-7-301-36050-7

Ⅰ. S154.5

中国国家版本馆 CIP 数据核字第 2025A5F111 号

THE FORMATION OF VEGETABLE MOULD
THROUGH THE ACTION OF WORMS WITH OBSERVATIONS ON THEIR HABITS

By Charles Darwin
London: John Murray, 1904

书　　名　腐殖土的形成与蚯蚓的作用
FUZHITU DE XINGCHENG YU QIUYIN DE ZUOYONG
著作责任者　［英］达尔文（Charles Darwin）著　舒立福 译
丛书策划　周雁翎
丛书主持　陈　静
责任编辑　陈　静
标准书号　ISBN 978-7-301-36050-7
出版发行　北京大学出版社
地　　址　北京市海淀区成府路 205 号　100871
网　　址　http://www.pup.cn　新浪微博：@ 北京大学出版社
微信公众号　通识书苑（微信号：sartspku）科学元典（微信号：kexueyuandian）
电子邮箱　编辑部 jyzx@pup.cn　总编室 zpup@pup.cn
电　　话　邮购部 010-62752015　发行部 010-62750672　编辑部 010-62707542
印 刷 者　北京中科印刷有限公司
经 销 者　新华书店
787 毫米 ×1092 毫米　16 开本　13 印张　彩插 8　195 千字
2025 年 4 月第 1 版　2025 年 4 月第 1 次印刷
定　　价　79.00 元

弁　言

· *Preface to the Series of the Great Classics in Science* ·

这套丛书中收入的著作，是自古希腊以来，主要是自文艺复兴时期现代科学诞生以来，经过足够长的历史检验的科学经典。为了区别于时下被广泛使用的“经典”一词，我们称之为“科学元典”。

我们这里所说的“经典”，不同于歌迷们所说的“经典”，也不同于表演艺术家们朗诵的“科学经典名篇”。受歌迷欢迎的流行歌曲属于“当代经典”，实际上是时尚的东西，其含义与我们所说的代表传统的经典恰恰相反。表演艺术家们朗诵的“科学经典名篇”多是表现科学家们的情感和生活态度的散文，甚至反映科学家生活的话剧台词，它们可能脍炙人口，是否属于人文领域里的经典姑且不论，但基本上没有科学内容。并非著名科学大师的一切言论或者是广为流传的作品都是科学经典。

这里所谓的科学元典，是指科学经典中最基本、最重要的著作，是在人类智识史和人类文明史上划时代的丰碑，是理性精神的载体，具有永恒的价值。

一

科学元典或者是一场深刻的科学革命的丰碑，或者是一个严密的科学体系的构架，或者是一个生机勃勃的科学领域的基石，或者是一座传播科学文明的灯塔。它们既是昔日科学成就的创造性总结，又是未来科学探索的理性依托。

哥白尼的《天体运行论》是人类历史上最具革命性的震撼心灵的著作，它向统治西方思想千余年的地心说发出了挑战，动摇了“正统宗教”学说的天文学基础。伽利略《关于托勒密和哥白尼两大世界体系的对话》以确凿的证据进一步论证了哥白尼学说，更直接地动摇了教会所庇护的托勒密学说。哈维的《心血运动论》以对人类躯体和心灵的双重关怀，满怀真挚的宗教情感，阐述了血液循环理论，推翻了同样统治西方思想千余年、被“正统宗教”所庇护的盖伦学说。笛卡儿的《几何》不仅创立了为后来诞生的微积分提供了工具的解析几何，而且折射出影响万世的思想方法论。牛顿的《自然哲学之数学原理》标志着17世纪科学革命的顶点，为后来的工业革命奠定了科学基础。分别以惠更斯的《光论》与牛顿的《光学》为代表的波动说与微粒说之间展开了长达200余年的论战。拉瓦锡在《化学基础论》中详尽论述了氧化理论，推翻了统治化学百余年之久的燃素理论，这一智识壮举被公认为历史上最自觉的科学革命。道尔顿的《化学哲学新体系》奠定了物质结构理论的基础，开创了科学中的新时代，使19世纪的化学家们有计划地向未知领域前进。傅立叶的《热的解析理论》以其对热传导问题的精湛处理，突破了牛顿的《自然哲学之数学原理》所规定的理论力学范围，开创了数学物理学的崭新领域。达尔文《物种起源》中的进化论思想不仅在生物学发展到分子水平的今天仍然是科学家们阐释的对象，而且100多年来几乎在科学、社会和人文的所有领域都在施展它有形和无形的影响。《基因论》揭示了孟德尔式遗传性状传递机理的物质基础，把生命科学推进到基因水平。爱因斯坦的《狭义与广义相对论浅说》和薛定谔的《关于波动力学的四次演讲》分别阐述了物质世界在高速和微观领域的运动规律，完全改变了自牛顿以来的世界观。魏格纳的《海陆的起源》提出了大陆漂移的猜想，为当代地球科学提供了新的发展基点。维纳的《控制论》揭示了控制系统的反馈过程，普里戈金的《从存在到演化》发现了系统可能从原来无序向新的有序态转化的机制，二者的思想在今天的影响已经远远超越了自然科学领域，影响到经济学、社会学、政治学等领域。

科学元典的永恒魅力令后人特别是后来的思想家为之倾倒。欧几里得的《几何原本》以手抄本形式流传了1800余年，又以印刷本用各种文字出了1000版以上。阿基米德写了大量的科学著作，达·芬奇把他当作偶像崇拜，热切搜求他的手稿。伽利略以他的继承人自居。莱布尼兹则说，了解他的人对后代杰出人物的成就就不会那么赞赏了。为捍卫《天体运行论》中的学说，布鲁诺被教会处以火刑。伽利略因为其《关于托勒密和哥白尼两大世界体系的对话》一书，遭教会的终身监禁，备受折磨。伽利略说吉尔伯特的《论磁》一书伟大得令人嫉妒。拉普拉斯说，牛顿的《自然哲学之数学原理》揭示了宇宙的最伟大定律，它将永远成为深邃智慧的纪念碑。拉瓦锡在他的《化学基础论》出版后5年被法国革命法庭处死，传说拉格朗日悲愤地说，砍掉这颗头颅只要一瞬间，再长出这样的头颅 100 年也不够。《化学哲学新体系》的作者道尔顿应邀访法，当他走进法国科学院会议厅时，院长和全体院士起立致敬，得到拿破仑未曾享有的殊荣。傅立叶在《热的解析理论》中阐述的强有力的数学工具深深影响了整个现代物理学，推动数学分析的发展达一个多世纪，麦克斯韦称赞该书是“一首美妙的诗”。当人们咒骂《物种起源》是“魔鬼的经典”“禽兽的哲学”的时候，赫胥黎甘做“达尔文的斗犬”，挺身捍卫进化论，撰写了《进化论与伦理学》和《人类在自然界的位置》，阐发达尔文的学说。经过严复的译述，赫胥黎的著作成为维新领袖、辛亥精英、“五四”斗士改造中国的思想武器。爱因斯坦说法拉第在《电学实验研究》中论证的磁场和电场的思想是自牛顿以来物理学基础所经历的最深刻变化。

在科学元典里，有讲述不完的传奇故事，有颠覆思想的心智波涛，有激动人心的理性思考，有万世不竭的精神甘泉。

二

按照科学计量学先驱普赖斯等人的研究，现代科学文献在多数时间里呈指数增长趋势。现代科学界，相当多的科学文献发表之后，并没有任何人引用。就是一时被引用过的科学文献，很多没过多久就被新的文献所淹没了。科学注重的是创造出新的实在知识。从这个意义上说，科学是向前看的。但是，我们也可以看到，这么多文献被淹没，也表明划时代的科学文献数量是很少的。大多数科学元典不被现代科学文献所引用，那是因为其中的知识早已成为科学中无须证明的常识了。即使这样，科学经典也会因为其中思想的恒久意义，而像人文领域里的经典一样，具有永恒的阅读价值。于是，科学经典就被一编再编、一印再印。

早期诺贝尔奖得主奥斯特瓦尔德编的物理学和化学经典丛书“精密自然科学经典”从 1889 年开始出版，后来以“奥斯特瓦尔德经典著作”为名一直在编辑出版，有资料说目前已经出版了 250 余卷。祖德霍夫编辑的“医学经典”丛书从 1910 年就开始陆续出版了。也是这一年，蒸馏器俱乐部编辑出版了 20 卷“蒸馏器俱乐部再版本”丛书，丛书中全是化学经典，这个版本甚至被化学家在 20 世纪的科学刊物上发表的论文所引用。一般把 1789 年拉瓦锡的化学革命当作现代化学诞生的标志，把 1914 年爆发的第一次世界大战称为化学家之战。奈特把反映这个时期化学的重大进展的文章编成一卷，把这个时期的其他 9 部总结性化学著作各编为一卷，辑为 10 卷“1789—1914 年的化学发展”丛书，于 1998 年出版。像这样的某一科学领域的经典丛书还有很多很多。

科学领域里的经典，与人文领域里的经典一样，是经得起反复咀嚼的。两个领域里的经典一起，就可以勾勒出人类智识的发展轨迹。正因为如此，在发达国家出版的很多经典丛书中，就包含了这两个领域的重要著作。1924年起，沃尔科特开始主编一套包括人文与科学两个领域的原始文献丛书。这个计划先后得到了美国哲学协会、美国科学促进会、美国科学史学会、美国人类学协会、美国数学协会、美国数学学会以及美国天文学学会的支持。1925年，这套丛书中的《天文学原始文献》和《数学原始文献》出版，这两本书出版后的25年内市场情况一直很好。1950年，沃尔科特把这套丛书中的科学经典部分发展成为“科学史原始文献”丛书出版。其中有《希腊科学原始文献》《中世纪科学原始文献》和《20世纪（1900—1950年）科学原始文献》，文艺复兴至19世纪则按科学学科（天文学、数学、物理学、地质学、动物生物学以及化学诸卷）编辑出版。约翰逊、米利肯和威瑟斯庞三人主编的“大师杰作丛书”中，包括了小尼德勒编的3卷“科学大师杰作”，后者于1947年初版，后来多次重印。

在综合性的经典丛书中，影响最为广泛的当推哈钦斯和艾德勒1943年开始主持编译的“西方世界伟大著作丛书”。这套书耗资200万美元，于1952年完成。丛书根据独创性、文献价值、历史地位和现存意义等标准，选择出74位西方历史文化巨人的443部作品，加上丛书导言和综合索引，辑为54卷，篇幅2500万单词，共32000页。丛书中收入不少科学著作。购买丛书的不仅有“大款”和学者，而且还有屠夫、面包师和烛台匠。迄1965年，丛书已重印30次左右，此后还多次重印，任何国家稍微像样的大学图书馆都将其列入必藏图书之列。这套丛书是20世纪上半叶在美国大学兴起而后扩展到全社会的经典著作研读运动的产物。这个时期，美国一些大学的寓所、校园和酒吧里都能听到学生讨论古典佳作的声音。有的大学要求学生必须深研100多部名著，甚至在教学中不得使用最新的实验设备，而是借助历史上的科学大师所使用的方法和仪器复制品去再现划时代的著名实验。至20世纪40年代末，美国举办古典名著学习班的城市达300个，学员50000余众。

相比之下，国人眼中的经典，往往多指人文而少有科学。一部公元前300年左右古希腊人写就的《几何原本》，从1592年到1605年的13年间先后3次汉译而未果，经17世纪初和19世纪50年代的两次努力才分别译刊出全书来。近几百年来移译的西学典籍中，成系统者甚多，但皆系人文领域。汉译科学著作，多为应景之需，所见典籍寥若晨星。借20世纪70年代末举国欢庆“科学春天”到来之良机，有好尚者发出组译出版“自然科学世界名著丛书”的呼声，但最终结果却是好尚者抱憾而终。20世纪90年代初出版的“科学名著文库”，虽使科学元典的汉译初见系统，但以10卷之小的容量投放于偌大的中国读书界，与具有悠久文化传统的泱泱大国实不相称。

我们不得不问：一个民族只重视人文经典而忽视科学经典，何以自立于当代世界民族之林呢？

三

科学元典是科学进一步发展的灯塔和坐标。它们标识的重大突破，往往导致的是常规科学的快速发展。在常规科学时期，人们发现的多数现象和提出的多数理论，都要用科学元典中的思想来解释。而在常规科学中发现的旧范型中看似不能得到解释的现象，其重要性往往也要通过与科学元典中的思想的比较显示出来。

在常规科学时期，不仅有专注于狭窄领域常规研究的科学家，也有一些从事着常规研究但又关注着科学基础、科学思想以及科学划时代变化的科学家。随着科学发展中发现的新现象，这些科学家的头脑里自然而然地就会浮现历史上相应的划时代成就。他们会对科学元典中的相应思想，重新加以诠释，以期从中得出对新现象的说明，并有可能产生新的理念。百余年来，达尔文在《物种起源》中提出的思想，被不同的人解读出不同的信息。古脊椎动物学、古人类学、进化生物学、遗传学、动物行为学、社会生物学等领域的几乎所有重大发现，都要拿出来与《物种起源》中的思想进行比较和说明。玻尔在揭示氢光谱的结构时，提出的原子结构就类似于哥白尼等人的太阳系模型。现代量子力学揭示的微观物质的波粒二象性，就是对光的波粒二象性的拓展，而爱因斯坦揭示的光的波粒二象性就是在光的波动说和微粒说的基础上，针对光电效应，提出的全新理论。而正是与光的波动说和微粒说二者的困难的比较，我们才可以看出光的波粒二象性学说的意义。可以说，科学元典是时读时新的。

除了具体的科学思想之外，科学元典还以其方法学上的创造性而彪炳史册。这些方法学思想，永远值得后人学习和研究。当代诸多研究人的创造性的前沿领域，如认知心理学、科学哲学、人工智能、认知科学等，都涉及对科学大师的研究方法的研究。一些科学史学家以科学元典为基点，把触角延伸到科学家的信件、实验室记录、所属机构的档案等原始材料中去，揭示出许多新的历史现象。近二十多年兴起的机器发现，首先就是对科学史学家提供的材料，编制程序，在机器中重新做出历史上的伟大发现。借助于人工智能手段，人们已经在机器上重新发现了波义耳定律、开普勒行星运动第三定律，提出了燃素理论。萨伽德甚至用机器研究科学理论的竞争与接受，系统研究了拉瓦锡氧化理论、达尔文进化学说、魏格纳大陆漂移说、哥白尼日心说、牛顿力学、爱因斯坦相对论、量子论以及心理学中的行为主义和认知主义形成的革命过程和接受过程。

除了这些对于科学元典标识的重大科学成就中的创造力的研究之外，人们还曾经大规模地把这些成就的创造过程运用于基础教育之中。美国几十年前兴起的发现法教学，就是在这方面的尝试。近二十多年来，兴起了基础教育改革的全球浪潮，其目标就是提高学生的科学素养，改变片面灌输科学知识的状况。其中的一个重要举措，就是在教学中加强科学探究过程的理解和训练。因为，单就科学本身而言，它不仅外化为工艺、流程、技术及其产物等器物形态，直接表现为概念、定律和理论等知识形态，更深蕴于其特有的思想、观念和方法等精神形态之中。没有人怀疑，我们通过阅读今天的教科书就可以方便地学到科学元典著作中的科学知识，而且由于科学的进步，我们从现代教科书上所学的知识甚至比经典著作中的更完善。但是，教科书所提供的只是结晶状态的凝固知识，而科学本是历史的、创造的、流动的，在这历史、创造和流动过程之中，一些东西蒸发了，另一些东西积淀了，只有科学思想、科学观念和科学方法保持着永恒的活力。

然而，遗憾的是，我们的基础教育课本和科普读物中讲的许多科学史故事不少都是误讹相传的东西。比如，把血液循环的发现归于哈维，指责道尔顿提出二元化合物的元素原子数最简比是当时的错误，讲伽利略在比萨斜塔上做过落体实验，宣称牛顿提出了牛顿定律的诸数学表达式，等等。好像科学史就像网络上传播的八卦那样简单和耸人听闻。为避免这样的误讹，我们不妨读一读科学元典，看看历史上的伟人当时到底是如何思考的。

现在，我们的大学正处在席卷全球的通识教育浪潮之中。就我的理解，通识教育固然要对理工农医专业的学生开设一些人文社会科学的导论性课程，要对人文社会科学专业的学生开设一些理工农医的导论性课程，但是，我们也可以考虑适当跳出专与博、文与理的关系的思考路数，对所有专业的学生开设一些真正通而识之的综合性课程，或者倡导这样的阅读活动、讨论活动、交流活动甚至跨学科的研究活动，发掘文化遗产、分享古典智慧、继承高雅传统，把经典与前沿、传统与现代、创造与继承、现实与永恒等事关全民素质、民族命运和世界使命的问题联合起来进行思索。

我们面对不朽的理性群碑，也就是面对永恒的科学灵魂。在这些灵魂面前，我们不是要顶礼膜拜，而是要认真研习解读，读出历史的价值，读出时代的精神，把握科学的灵魂。我们要不断吸取深蕴其中的科学精神、科学思想和科学方法，并使之成为推动我们前进的伟大精神力量。

任定成
2005年8月6日
北京大学承泽园迪吉轩

查尔斯·达尔文（Charles Darwin，1809—1882）

伊拉斯谟·达尔文
Dr. Erasmus Darwin
1731—1802

玛丽·霍华德
Mary Howard
1739—1770

约西亚·韦奇伍德
Josiah Wedgwood
1730—1795

萨拉·韦奇伍德
Sarah Wedgwood
1734—1815

查尔斯·达尔文的祖父母

罗伯特·达尔文
Robert Waring Darwin
1766—1848

苏珊娜·韦奇伍德
Susannah Wedgwood
1765—1817

约西亚·韦奇伍德二世
Josiah Wedgwood II
1769—1843

伊丽莎白·韦奇伍德
Elizabeth Allen Wedgwood
1764—1846

查尔斯·达尔文的父母

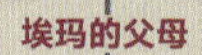

查尔斯·达尔文
Charles Darwin
1809—1882

埃玛·韦奇伍德
Emma Wedgwood
1808—1896

查尔斯·达尔文的子女们

威廉
William Erasmus Darwin
1839—1914

玛丽
Mary Eleanor Darwin
1842—1842

乔治
Sir George Howard Darwin
1845—1912

弗朗西斯
Sir Francis Howard Darwin
1848—1925

霍勒斯
Sir Horace Darwin
1851—1928

安妮
Anne Elizabeth Darwin
1841—1851

亨丽埃塔
Henrietta Emma Darwin
1843—1927

伊丽莎白
Elizabeth Darwin
1847—1926

伦纳德
Leonard Darwin
1850—1943

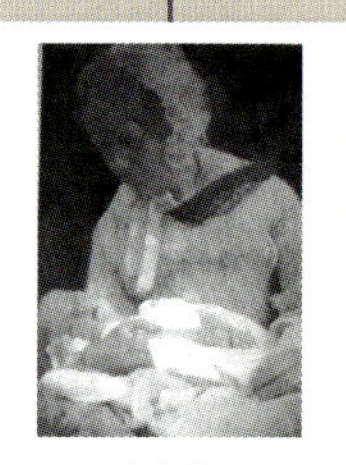

查尔斯
Charles Waring Darwin
1856—1858

查尔斯·达尔文家族谱系图

▲ 达尔文的爷爷伊拉斯谟·达尔文（Dr. Erasmus Darwin，1731—1802）是一位有名望的医生，也是一位自然哲学家、诗人，1761 年当选为英国皇家学会会员。1789 年他在长诗《植物之爱》（*The Loves of the Plants*）中，首次隐晦地提出了进化论思想。1803 年他去世之后才出版的长诗《自然神殿》（*The Temple of Nature*）追溯了生命从微生物到文明社会的进程，其中有一段描述生存斗争的文字。

▲ 达尔文的奶奶玛丽·霍华德（Mary Howard，1739—1770）是爷爷的第一任妻子，不幸因病早逝。

▼ 爷爷奶奶位于利奇菲尔德的故居，现在是一座专门展示他们生活和工作的博物馆。

▲ 达尔文的父亲罗伯特·达尔文（Robert Waring Darwin，1766—1848）也是一位医生，19岁时就出版了一部医学著作。他一心希望儿子长大后也当医生，在达尔文16岁时就安排他到爱丁堡大学攻读医科。

▲ 达尔文的母亲苏珊娜·韦奇伍德（Susannah Wedgwood，1765—1817）。1796年，苏珊娜与罗伯特结婚。

▶ 达尔文的父母居住在英格兰什罗普郡（Shropshire）什鲁斯伯里（Shrewsbury）一座名为Mount House的庄园。这栋房子由达尔文的父亲于1800年建成。1809年2月12日，达尔文出生于此，是父母六个孩子中的第五个。

▲ 1780 年的一张韦奇伍德家族画像，图中心骑马的小男孩就是达尔文的舅舅约西亚·韦奇伍德二世；他旁边那匹马上戴白色帽子的女子正是达尔文的妈妈苏珊娜。达尔文小时候大部分时间在美尔堂（Maer Hall）和约西亚舅舅一起度过，尤其是在狩猎季节。后来达尔文娶了舅舅的女儿埃玛（Emma），舅舅也就成了他的岳父。

▶ 韦奇伍德家族的瓷器产品以优质和创新的英式设计而闻名全球，畅销两百多年。

◀ 约西亚·韦奇伍德二世（Josiah Wedgwood Ⅱ，1769—1843）。1831 年 9 月 1 日，约西亚舅舅听说年轻的达尔文想参加“贝格尔”号（HMS Beagle，也译为“小猎犬”号）的环球航行，但遭到父亲罗伯特的反对，于是特地赶往什鲁斯伯里说服达尔文的父亲。后来，约西亚舅舅还资助了达尔文《贝格尔舰环球航行记》（*Voyage of the Beagle*）的出版。

▲ 达尔文的姐姐卡罗琳·达尔文（Caroline Sarah Darwin，1800—1888）一生都与达尔文保持着密切的联系。姐弟两人会定期互相拜访和通信。卡罗琳在利斯山（The Leith Hill）建造了一个杜鹃花园。达尔文是利斯山的常客，他非常享受在树林中散步的时光。

▲ 达尔文的哥哥伊拉斯谟·阿尔维·达尔文（Erasmus Alvey Darwin，1804—1881）。

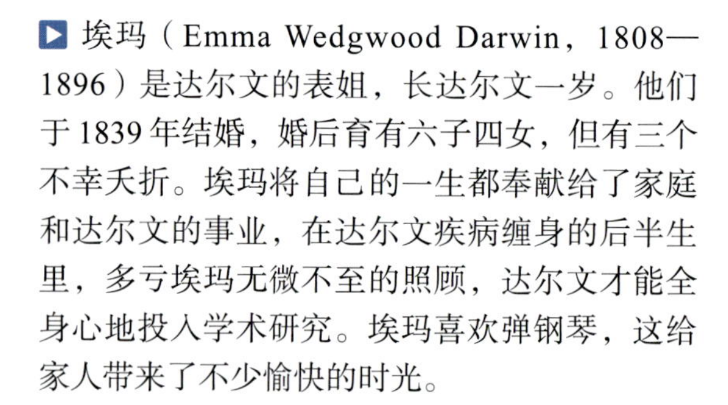

▶ 埃玛（Emma Wedgwood Darwin，1808—1896）是达尔文的表姐，长达尔文一岁。他们于1839年结婚，婚后育有六子四女，但有三个不幸夭折。埃玛将自己的一生都奉献给了家庭和达尔文的事业，在达尔文疾病缠身的后半生里，多亏埃玛无微不至的照顾，达尔文才能全身心地投入学术研究。埃玛喜欢弹钢琴，这给家人带来了不少愉快的时光。

党豪思别墅（Down House）。达尔文从33岁起就居住在这里，除了一些拜访活动和各种疗养，他基本上足不出户。在此，他也接待过许多杰出的人物，比如胡克、莱伊尔、赫胥黎、海克尔、华莱士……

住在党豪思时，埃玛坐在窗台上给孩子们读书。

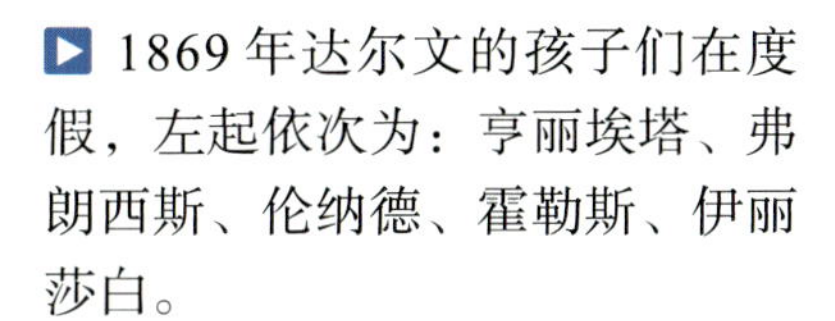

1869年达尔文的孩子们在度假，左起依次为：亨丽埃塔、弗朗西斯、伦纳德、霍勒斯、伊丽莎白。

在1861年的英格兰人口普查中，达尔文的家庭成员登记情况见下表，当时他们居住在英格兰肯特郡的党豪思别墅（Down House）。

姓名	关系	性别	年龄	出生地
查尔斯·达尔文（Charles Robert Darwin）		男	52	St Clouds，什鲁斯伯里（Shrewsbury），什罗普郡（Shropshire），英格兰
埃玛·达尔文（Emma Darwin）	妻子	女	52*	Meer，斯塔福德郡（Staffordshire），英格兰
威廉·达尔文（William Erasmus Darwin）	儿子	男	21	St Pancras，米德尔塞克斯（Middlesex），英格兰
亨丽埃塔·达尔文（Henrietta Emma Darwin）	女儿	女	17	Down，肯特郡（Kent），英格兰
乔治·达尔文（George Howard Darwin）	儿子	男	15	Down，肯特郡，英格兰
伊丽莎白·达尔文（Elizabeth Darwin）	女儿	女	13	Down，肯特郡，英格兰
弗朗西斯·达尔文（Francis Howard Darwin）	儿子	男	12	Down，肯特郡，英格兰
伦纳德·达尔文（Leonard Darwin）	儿子	男	11	Down，肯特郡，英格兰
霍勒斯·达尔文（Horace Darwin）	儿子	男	9	Down，肯特郡，英格兰
艾米丽·索利（Emily Thorley）	家庭教师	女	28	Tarpoha，柴郡（Cheshire），英格兰
乔治娜·托利特（Georgeina Tollett）	访客	女	53	Berby，柴郡，英格兰
伊丽莎白·弗内瓦尔（Elizabeth Furneval）	访客	女	24	Buckleston，斯塔福德郡，英格兰
亨利·埃明斯（Henry Emmings）	访客	男	51	Maer，斯塔福德郡，英格兰
玛莎·莫里（Martha Morrey）	访客	女	40	Woore，什罗普郡，英格兰
约瑟夫·帕斯洛（Joseph Parslow）	仆人	男	49	Stanleigh，格洛斯特郡（Gloucestershire），英格兰
塞缪尔·琼斯（Samuel Jones）	仆人	男	25	Standidno，德比郡（Derbyshire），英格兰
乔治·布里根（George Bridgen）	仆人	男	21	Hartfield，苏塞克斯郡（Sussex），英格兰
玛格丽特·埃文斯（Margaret Evans）	仆人	女	29	什鲁斯伯里，什罗普郡，英格兰
简·奥斯本（Jane Osborne）	仆人	女	25	Down，肯特，英格兰
伊丽莎白·查普曼（Elizabeth Chapman）	仆人	女	35	彭布罗克郡（Pembrokeshire），威尔士

* 此处有误，埃玛当时年龄应为53岁。

目 录

导　读

苗德岁

（美国堪萨斯大学自然历史博物馆暨生物多样性研究所 研究员）

· *Introduction to the Chinese Version* ·

达尔文一直被现代土壤学家们尊为研究“土壤中生物扰动作用”（soil bioturbation）的先驱。土壤学家们公认，《腐殖土的形成与蚯蚓的作用》是土壤生物学与土壤生态学中里程碑式的开山之作，对于我们理解腐殖土的成因及其土壤生态意义贡献巨大。

《腐殖土的形成与蚯蚓的作用》是达尔文生前出版的最后一本书（1881 年出版），直译全称为《蚯蚓活动带来腐殖土的形成以及蚯蚓行为之观察》（*The Formation of Vegetable Mould, Through the Action of Worms with Observation on Their Habits*）。次年，达尔文因心脏衰竭，在家里无疾而终，故该书也成了他的“天鹅之歌”。

尽管该书的书名跟他的其他著作同样冗长，但比起他的许多大部头巨著来说，这是一本可以让人轻松愉快、一口气读下来的“小书”。按照时下的流行说法，这是一本名副其实的“大家小书”。

达尔文在本书的引言中开宗明义地写道：“‘规律不及于细微’这一金律并不适用于科学。”他深知，科学研究的对象没有大小轻重之分。事实上，他一生中研究过无数很不起眼的小动物：蜜蜂筑巢、蚂蚁搬家、甲虫分类。他曾花了八年时间潜心研究藤壶，而他对蚯蚓的兴趣，从他环球科考归来到临终的前一年，保持了长达四十四载。显然，在他眼里，生物界“无数最美丽与最奇异的类型”中，不存在无足轻重的研究对象。尽管通过自然选择的生物演化论是他诠释生命演化精彩大戏的核心内容，达尔文对上述这些“跑龙套”的小角色，却一点儿也不“小瞧”。无独有偶，胡适先生也说过，做学问没有高低贵贱之分，训诂一个字，跟发现一颗行星同样有意义。

有意思的是，蚯蚓最早引起达尔文的注意，还得归功于他舅舅（也是他后来的岳父）。达尔文小时候经常到舅舅家去玩。有一次，他舅舅告诉他一件有趣的事：多年前散落在舅舅家草坪上的各种碎屑和小玩意儿，后来在草坪下几英寸深的土壤里被发现了。他舅舅怀疑这是蚯蚓们干的。此外，草坪上经常会出现很多蚯蚓的粪便，有碍观瞻。这件事当时就激起了达尔文的好奇心，但由于种种原因，直到他环球科考归来，才开始琢磨这档子事。1837 年，他在伦敦地质学会宣读了珊瑚礁成因的论文，半年后又宣读了有关蚯蚓改造土壤的论文。

◀ 位于英国伦敦自然历史博物馆的达尔文雕像。

他的同事们当时对其蚯蚓论文的反应比较冷淡，概因他们更想听达尔文报告环球科考的重大发现。所幸著名地质古生物学家、伦敦地质学会前主席巴克兰（W. Buckland）教授高度评价了达尔文的蚯蚓论文，称其为“解释地表普遍而重要现象的新的重要理论”，赞扬达尔文实际上发现了“改造地貌的一种新力量”。因此，达尔文的这篇报告，得以在次年（1838 年）的《伦敦地质学会会志》上正式发表，成为达尔文早期的科学论文之一。

时隔 40 多年，达尔文的身体状况江河日下；但“烈士暮年，壮心不已”，他依然深爱着研究工作，深爱着大自然和博物学。由于他从来不需要为了生计而工作，因而他也从来没想到需要过上悠闲的退休生活。不过，像芸芸众生一样，期望在暮年，落叶归根，达尔文此时也无心意在云天了，而是要贴近大地——毕竟那里才是我们的最终归宿。正如他向好友胡克（J. D. Hooker）先生抱怨的那样：我所剩时日已不多，“党豪思”的墓地现在于我而言，便是地球上最甜蜜的地方了。因而，他开始把科研注意力转向身边的家园，转向脚下的热土。他决计重新审视年轻时所研究过的、而且终生未能忘情的“老朋友”——蚯蚓，进一步详细研究它们的生理与习性以及它们活动的地质学意义。到了最后的日子，他实在无力亲自到院子里“工作”了，只好请爱子弗朗西斯（Francis Darwin）帮他一些忙。达尔文对待科学研究，真正做到了鞠躬尽瘁，死而后已。

值得指出的是，与他此前的许多其他著作相比，《腐殖土的形成与蚯蚓的作用》一书的行文轻松诙谐易读，是他最为畅销的著作之一。尽管在出版之前，他曾心有疑虑：这种小众书会有多少人感兴趣呢？达尔文的行事风格总是在做任何一件事之前都要经过深思熟虑；连自己是否要结婚这种事儿，他都曾列出单子来，以权衡其利弊。在是否写作这本书的考量上，他最后得出的结论是：我自己感兴趣！可是，后来的事实表明：这是一本大受欢迎的书。不仅在问世后几年之内连续加印数次，而且为达尔文“圈粉”无数。他的很多读者粉丝纷纷写信给他，讲述自己的蚯蚓故事：他们的观察、想法，包括提出一些“十分可笑”乃至于“白痴般”的问题，令达尔文读后乐不可支。

此外，《腐殖土的形成与蚯蚓的作用》受到了书评界的一致好评。该书是 1881 年 10 月出版的，其后两个月间，英美众多媒体纷纷刊发书评。比如，《伦敦科学院》（*Academy*）刊载书评称：“达尔文先生这一重磅力作内容丰富，充分彰显了他的过人天赋。这是出自他笔下的又一经典……其魅力之一是极为通俗易懂……该书实属雅俗共赏之作，每一页都趣味无穷。”《星期日书评》（*Sunday Reviews*）则称：“达尔文先生这本关于蚯蚓习性和本能的小书，一如他以前的皇皇巨著，观察独到，对事实的解释令人信服，得出的结论无懈可击……所有博物学爱好者们都应该感谢达尔文先生的贡献，他使我们对长期被忽略的蚯蚓结构与功能，获得了十分有益且非常有趣的新知。”连《纽约画报》（*New York Illustrated*）都刊载了这本书的书评，赞扬“作者的细微观察揭示了微小蚯蚓的集体力量足以改变宏伟的地球外貌，令人读后耳目一新、心悦诚服。”类似的不吝赞美之词还见于当时的更多主流媒体，包括《布鲁克林时报》《纽约世界》《波士顿导报》等。还有书评人特别指出，这本书读来完全不像是高冷、深奥的科学著作，而像是一本娓娓道来的言情小说。此后，报刊上许多关于达尔文的卡通画，都离不开蚯蚓缠绕其身的画面，该书的流行程度由此可见一斑。更有意思的是，该书意想不到地畅销，令他的出版商欣喜不已。在距该书出版还不到一个月的 1881 年 11 月 5 日，出版社一位秘书致信达尔文，兴奋地写道：“我们已经卖了 3500 条蚯蚓！”（指业已销售了 3500 册书）

读这本小书最令我感到愉悦之处，在于字里行间所展示的贯穿于作者一生的见微知著的洞察力，以及他对细枝末节不厌其详的生动描述。

初读之时，你也许会觉得达尔文絮絮叨叨；但一路读下来，你会慢慢地感到他对蚯蚓钟情到十分可爱的地步，及至掩卷沉思，忽然发现，他老人家在不温不火的文字下面，深藏着诸多微言大义！毕竟这是他的临终之作，吐出了他一生的胸中块垒、凝聚了他的深刻感悟与睿智——这是一本十分有趣、值得反复阅读的书。

首先，作者在本书中有个没有道明的“隐义”，即彰显“均变论”的“放之四海而皆准，传至千秋也是真”。自从他登上“小猎犬号”战舰、开始阅读菲茨罗伊（R. FitzRoy）舰长赠送他的莱伊尔（C. Lyell）《地质学原理》（第一卷）开始，就对“均变论”深信不疑：眼前观察到的涓涓细流般的微小变化，经过长期积累，便能引起天翻地覆的巨变。以至于他将其运用到自己的生物演化论之中：

> 自然选择每时每刻都在满世界地审视着哪怕是最轻微的每一个变异，清除坏的，保存并积累好的；随时随地，一旦有机会，便默默地、不为察觉地工作着，改进着每一种生物跟有机的与无机的生活条件之间的关系。我们看不出这些处于进展中的缓慢变化，直到时间之手标示出悠久年代的流逝。然而，我们对于久远的地质时代所知甚少，我们所能看到的，只不过是现在的生物类型不同于先前的类型而已。

事实上，达尔文曾在回答菲什（Fish）先生质疑他的有关蚯蚓对于腐殖土形成所起作用的文章中写道：

> 此处我们再次看到了人们对连续渐变积累的成效视而不见；一如当年地质学领域所出现的情形，以及新近对生物演化论原理的质疑。

显而易见，达尔文理论跟莱伊尔“均变论”一样，都建立在无数微小变化经过无限长时间积累而产生的从量变到质变的基础之上。在《腐殖土的形成与蚯蚓的作用》一书中，达尔文再次用细致入微的观察和生动流畅的笔触，向读者展示：不计其数微不足道的蚯蚓，在我们的脚下，整日整夜默默无闻地“耕耘”，历经千百万年，改造了土壤、改变了地貌，甚至掩埋了废墟、保存了文物。了解这些之后，谁还能忽视蚯蚓“蚂蚁搬山”般的伟大力量呢?

其次，重读《腐殖土的形成与蚯蚓的作用》，令我再次惊叹达尔文不仅是卓越的观察者，而且是极为有趣的实验者（他曾自嘲地称自己设计的实验为“傻瓜的实验”）。他在书中描述了几个令人捧腹的例子：他让儿子对着花盆里的一窝蚯蚓吹巴松管，以检验它们的听力；还让早年在巴黎跟肖邦学过钢琴的妻子埃玛（Emma Darwin），弹钢琴给蚯蚓听，看它们是否会有什么反应……他甚至喂蚯蚓各种各样的食物，最后发现它们最喜欢吃生的胡萝卜。

此外，他用剪成三角形的小纸片（代替落叶）以及折断后又重新用胶水粘起来的松针，来考察蚯蚓搬运它们入洞的方式，并试图以此检验蚯蚓是否具有判断力和智力。尽管他作出的蚯蚓所选择的特定搬运方式是出自智力而非本能的结论，至今仍存争议，但是他的创新精神依然备受推崇。其实，书中引起争议的这一部分，也正是最受大众读者欢迎的部分，即达尔文认为蚯蚓具有一定的判断力和智力水平。达尔文观察到，蚯蚓会搬运一些落叶、松针或小树枝片段堵住它们的洞口。洞是圆柱形的，他认为如果是聪明的人类去拖树叶的话，一定会选择抓住狭窄的一端拖进圆形洞口，但倘若拖曳细棒状的松针、小树枝等，一定会选择抓住比较粗重的一端拖进圆形洞口。而蚯蚓恰恰是这样干的！因此，他推论：当蚯蚓在它们的洞口附近，“选择”落叶、松针或小树枝片段，并“决定”用上述搬运方式将其拖入洞口时，一定经过了“判断”和“试验”才做出的“决定”——这是实实在在的“决定”，而不是源于“偶然机缘”或“简单、盲目的冲动”。对当时的读者来说，这无疑是一种闻所未闻的启示：如此低等的动物，竟然这般聪明！一般认为，这也是《腐殖土的形成与蚯蚓的作用》之所以迅速畅销的“成也萧何”之处。

至于引起争议的“败也萧何”之处，是因为后来的研究者指出，达尔文的推论可能夸大了蚯蚓的智力水平。因为蚯蚓在解剖形态上，还没有脑部，故不可能有如此复杂的思维能力。有的演化心理学家则认为，我们不应该从“人类中心论”的视角去理解达尔文所说的“智力”，智力演化也是有起点的。在纪念达尔文诞辰200周年（2009年）时，一个由德国与英国科学家组成的研究团队重新研究了这一课题，他们将蚯蚓与同属环节动物的表亲——蚂蟥作比较研究。研究发现，蚂蟥属于进攻性的猎食（吸血）者，比蚯蚓有更为发达的感觉器官以及由神经节集合而成、发育良好的脑部。即令如此，也不应该说蚂蟥具有智力，其行为还是以本能为主；更遑论蚯蚓了。看来争论双方都有一定的道理，可能关键在于如何理解和定义“智力”一词。总之，尽管这一争论尚未结束，这至少从一个方面显示了达尔文研究的重要性。120多年后，他的蚯蚓研究还激发科学家们沿着他的足迹，继续探索研究这一课题，努力去证实或证伪他的结论。这在科研领域是何等的了不起啊！

值得强调的是，上述研究者们证实了这一事实：无论你是否同意他的结论，达尔文蚯蚓研究中的观察和实验，经过了无数次的检验，被证明是非常准确、无可挑剔的。这正是达尔文作为一名杰出科学家非常了不起的地方。他曾经说过，错误的结论一般是无害的，因为后来者将会满腔热情地去批评你、纠正你，而错误的观察和数据才是贻害无穷的，因为它会把你以及后来者引入歧途。笔者曾在自己的博士论文中引用过这句话，后来成了自己科研生涯的座右铭。

正因为如此，达尔文的蚯蚓研究，如同他的所有研究一样，不仅使他成为这一领域的鼻祖，而且其研究成果经受住了漫长时间的考验。100多年后，为了配合达尔文故居“申遗”项目，英国某大学派出了一个研究团队，用新的手段重新研究了“党豪思”周围的蚯蚓，其研究结果验证了达尔文当年的研究是极为扎实可靠的。同时，达尔文的研究还进一步启发了这一团队对当地蚯蚓的分类学和行为生态学的研究。除此而外，达尔文一直被现代土壤学家们尊为研究“土壤中生物扰动作用”（soil bioturbation）的先驱。土壤学家们公认，《腐殖土的形成与蚯蚓的作用》是土壤生物学与土壤生态学中里程碑式的开山之作，对于我们理解腐殖土的成因及其土壤生态意义贡献巨大。

最后，我想指出，《腐殖土的形成与蚯蚓的作用》结尾一段话，与《物种起源》结尾一段话相映成趣，同样诗意般的语言显露了达尔文极高的文学造诣。这在他的著作中并不常见。达尔文这样写，分明是在试图提请读者们回顾他在《物种起源》最后一段所提及的：

> 凝视纷繁的河岸，覆盖着形形色色茂盛的植物，灌木枝头鸟儿鸣啭，各种昆虫飞来飞去，蠕虫爬过湿润的土地。复又沉思：这些精心营造的类型，彼此之间是多么地不同，而又以如此复杂的方式相互依存，却全都出自作用于我们周围的一些法则，这真是饶有趣味。

显然，在如此众多精心营造的类型中，蚯蚓无疑是貌似最不起眼的卑微者。但达尔文一向认为，“卑微”是“伟大”的基础。在一次与几位无神论者［其中包括即将成为马克思女婿的埃夫林（E. Aveling）］聚会的晚宴上，有人曾问他：“您为什么会对蚯蚓这样‘卑微’的动物产生如此大的兴趣？”达尔文不假思索地答道：“我已经研究它们的习性长达40年了，我们之间是一见钟情的‘爱情’。”无怪乎，达尔文在《腐殖土的形成与蚯蚓的作用》的结尾，曾用如此美妙的文字来深情地礼赞它们：

> 当我们眺望广袤的草原时，我们应该牢记，眼前的美景，主要应归功于蚯蚓缓慢地削平了大地的沟壑。想象一下，如此广阔的腐殖土层，每隔几年就通过了并仍将继续通过蚯蚓体内一次，这是何等地难以思议啊！耕耘一直被认为是人类最古老、最有用的发明之一，孰知远在人类出现之前，蚯蚓就已经在大地上辛勤“耕耘”许久了，而且还将持续耕耘下去。我很怀疑，还能有几种像蚯蚓这样的“低等”动物，在世界史上曾扮演了如此重要的角色。当然，还有更低等的动物（即珊瑚），在大洋之中建筑起

无数的珊瑚礁和岛屿，完成了更加引人瞩目的工程，不过这些几乎都局限在热带地区。

是啊，身份卑微，却有如此翻天覆地的力量，世界上只有热带海域中的珊瑚虫可与蚯蚓媲美了。而珊瑚虫造礁、建岛的“功业”，正是达尔文早期的重要地质学研究成果之一。因此，达尔文对“低端”生物的礼赞，是贯穿其一生的。在当今崇尚精英、追捧明星的时尚下，难道我们不应该从阅读《腐殖土的形成与蚯蚓的作用》中引起反思吗？在我们飞速发展的现代城市美丽风景后面，隐没了多少像蚯蚓一般辛勤劳作、默默奉献的劳动者啊……

引　　言

· *Introduction* ·

我用了数月的时间，把蚯蚓饲养在书房的几个装满土的花盆里。渐渐地，我对它们产生了较大的兴趣，总想知道它们的行为自觉程度有多大，智力到底处于什么水平。对此，我想了解更多。但据我所知，针对像蚯蚓这种器官组织简单、感官不发达的动物所做的相关观察是很少的。

——达尔文

THE FORMATION

OF

VEGETABLE MOULD,

THROUGH THE

ACTION OF WORMS,

WITH

OBSERVATIONS ON THEIR HABITS.

BY CHARLES DARWIN, LL.D., F.R.S.

WITH ILLUSTRATIONS.

FOURTH THOUSAND.

LONDON:
JOHN MURRAY, ALBEMARLE STREET.
1881.

本书主要讲述蚯蚓在腐殖土形成过程中所起的作用。腐殖土普遍存在于湿度适宜的乡间田地，通常呈黑色，约有几英寸厚。尽管因地而异，腐殖土存在于各种各样的底土上面，外观的地域性差别并不明显。腐殖土的主要特征之一是土壤颗粒的形态细小而均匀。在多沙砾的地方，只要存在一处新近被耕犁过的田地，并且附近有长期作为牧场而又未被耕犁过的地块相毗连，在这样地块的沟壑或洞穴地带的旁边就有腐殖土分布，也往往可以观察到腐殖土的特征。这个主题或许有人觉得无关紧要，但我们将会看到它的意义所在，所谓“规律不及于细微”这句格言并不适用于科学研究。就连一贯轻视微小变化及其累积效应的博蒙特（Elie de Beaumont）博士也曾指出：“一层薄薄的腐殖土也是上古时期的遗物，因历时久远而成为地质学家的研究对象，为他们提供了许多相关联的资料。”[①] 总体看来，腐殖土层的历史年代久远，但鉴于其恒久性，我们有理由认为：在多数情形下，腐殖土成分粒子的移动流失并不是很缓慢，取代它们的是其下层物质分解之后所产生的新粒子。

我用了数月的时间，把蚯蚓饲养在书房的几个装满土的花盆里。渐渐地，我对它们产生了较大的兴趣，总想知道它们的行为自觉程度有多大，智力到底处于什么水平。对此，我想了解更多。但据我所知，针对像蚯蚓这种器官组织简单、感官不发达的动物所做的相关观察是很少的。

1837 年，我在伦敦地质学会上宣读过一篇题为“论腐殖土的形成”（*On the Formation of Mould*）的简短论文[②]，其中已经谈到，撒在几块草地上的烧焦的泥灰岩碎片和煤渣，经过几年之后，已经沉陷到草皮层下面几英寸深处，形成一个土层。斯塔福德郡（Staffordshire）美尔堂

◀ 本书 1881 年首版扉页。

①《实用地质学讲义》（*Lecons de Géologie Pratique*），第 1 册，1945 年，140 页。

②《地质学会会报》（*Transactions Geolog. Soc.*），第 5 卷，505 页，1837 年 11 月 1 日宣读。

（Maer Hall）的韦奇伍德（Wedgwood）先生对我解释说，此类地表物质的明显下陷，起因于大量细土陆续被蚯蚓以排便的方式运到地面上来。蚯蚓粪便迟早会在地表散布开来，并覆盖地表。据此，我推断，地表的所有“植物腐殖土”（Vegetable mould）都会多次经过蚯蚓的肠道排泄。因此，从某些方面而言，“动物腐殖土”（Animal mould）这个名称比习惯用的“植物腐殖土”更为贴切恰当。

我的这篇论文刊行十年之后，德尔西克（M. D’Archiac）显然受博蒙特学说影响，曾撰文评论我的“荒诞理论”，并提出了异议。他认为我的学说仅适用于“低湿草地”；还认为“用这种方法观察耕地、林地和高地草原，并不能提供任何有说服力的证据”[①]。德尔西克的结论并不是在实际观察的基础上得出来的，只是个人的主观臆断。在经常翻耕的菜园里，就存活有大量的蚯蚓，因为这里的土壤疏松，蚯蚓往往把粪便堆积在敞开的坑里或旧的洞穴里，而不是在地表。根据冯·亨森（Von Hensen）的估算，菜园里的蚯蚓数量比农田里的要多一倍。[②]关于“高地草原”，法国的情况如何我不得而知，但在英格兰境内，我从未见过任何地方像那些海拔数百英尺的公共草场那样，地表覆盖着如此密集的蚯蚓粪堆。在森林里也是这样，清理秋天的落叶时，就会发现整个地表覆盖着蚯蚓粪便。在我对蚯蚓的多次观察中，加尔各答植物园主管金（King）博士给予了我诚恳的帮助。他告诉我，在法国的南希（Nancy）附近的国家森林里，有一层由枯叶和蚯蚓粪便混合成的疏松土层，面积达数英亩。他在南希听过森林采伐专业的教授的课，教授讲道：年复一年，蚯蚓粪便不断被抛出地表，覆盖在枯叶上面，形成一层肥沃的腐殖土，这种现象是土壤自我耕耘的最好例证。

1869 年，菲什（Fish）先生曾质疑我关于蚯蚓在腐殖土的形成过

---

① 《地质学发展史》（*Histoire des Progrès de la Géologie*），第 1 卷，1847 年，224 页。

② 《科学杂志动物学部分》（*Zeitschrift für Wissenschaft, Zoologie*），第 28 卷，1877 年，361 页。

程中起到重要作用的观点，理由是他凭主观臆断蚯蚓没有能力做如此大量的工作。他认为："鉴于蚯蚓弱小的身躯，认为它们可以完成如此大的工程，实在令人难以置信！"①菲什先生的这种观点，代表着学界的一种倾向，即，无视"水滴石穿"的科学事实，如同早期地理学研究和近期进化论方面的研究所遇到的情形。这种观点往往阻碍了科学的进程。

在我看来，尽管这几种反对意见没有什么分量，却使我下定决心把所发表过的观察实验，再多做几次，并着手从另一个角度对这个问题做进一步的观察研究。即对测定区域内的蚯蚓在一定时间内的排粪量称重，而不是测定蚯蚓粪便对地表物体的覆盖速率。对于前文提到的冯·亨森于1877年发表的精彩论文，②我所做的一些观察实验研究，显得有些肤浅了。在详细论述蚯蚓粪便土之前，基于我个人和其他学者的观察研究，本书将先简要介绍一下蚯蚓的习性。

---

①《园艺者笔记》（*Gardeners' Chronicle*），1869年4月17日，418页。

② 冯·亨森（Von Hensen）教授曾让达尔文先生关注到米勒（P. E. Muller）关于腐殖质的著作，但没有机会去查阅米勒的著作。1984年米勒博士在同一份丹麦森林杂志上，发表了第二篇论文。他的研究结果也用德文在《在植物和土壤作用下关于腐殖质自然形成的研究》（第8卷，柏林，1887）一书中发表。——译者注

约翰·埃德蒙斯通（John Edmonstone）指导年轻的达尔文制作动物标本。

第一章

蚯蚓的习性

·*Chapter* Ⅰ. *Habits of Worms*·

栖息地特征——可长时间存活水下——夜晚活动——夜间四处爬行——常停留在洞口附近，因而被禽类大量啄食——身体构造——无眼，但可识别光暗——遇强光，迅速退缩，并非出于反射作用——有注意力——对冷热敏感——全聋——对震动与触动均敏感——嗅觉弱——有味觉——智力特征——食物的性质——杂食——消化——吞食前，先用胰液性质的分泌物浸润叶子——胃外消化——石灰质腺体构造——在前部的一对腺内形成石灰质凝结体——含钙物质主要作为排泄产物，其次要功能是作为中和消化过程中产生的酸性物质

蚯蚓只有几个属的类型，分布于全世界各个地方，在外观上，彼此十分相似。关于英国种的正蚓（*Lumbricus*）还没有翔实的专门研究，但我们可以依据周边国家的蚯蚓种类，推断英国种的大概数目。据艾森（Eisen）说，斯堪的纳维亚（Scandinavia）半岛有八个种，其中两个种很少穴居地下，有一个种栖息于很潮湿的地方，甚至可以在水下存活。[①]本章只涉及那些通过排粪便方式把土运到地面的蚯蚓物种。据霍夫迈斯特（Hoffmeister）的报告，人们对德国的蚯蚓种类还不甚了解，但他所确定的种类与艾森所说相同，并列出了一些特征显著的变种。[②]

英格兰的蚯蚓很多，分布于不同的地点。在公地和白垩丘陵草原，通常可以见到很多蚯蚓粪便。在土壤贫瘠、草类稀少矮小的地方，蚯蚓粪便几乎覆盖了整个地面。在伦敦的一些土壤肥沃、草木茂盛的公园里，也可见到几乎同样多的蚯蚓粪便。甚至同一块田地里，某些区域相对于其他区域的蚯蚓数量要多，但土壤的性质并没有明显的差异。在靠近房屋附近被铺垫过的庭院里，蚯蚓很多。例如，蚯蚓居然穿过地板在极为潮湿的地下室中钻洞造穴。我还曾经在沼泽地的黑泥炭土里看见过蚯蚓，但是在备受园丁青睐的褐色、富含纤维素的干燥泥炭土里，却很少或见不到蚯蚓。在干燥、多沙或者多砾石，并长有石楠灌丛、荆豆、蕨类、杂草、苔藓、地衣的小道上，几乎见不到蚯蚓。在英格兰的许多地区，只要有穿过石楠丛生的小道，上面就覆盖着一层细短的草皮。这种植被的变化，是由于人或动物的踩踏导致较高的植物死去，还是由于动物的粪便对土壤施肥所致？对此，我还不清楚。[③]在这种长草的小道上，常常会见到蚯蚓粪便。在萨里郡

◀ 达尔文在党豪思（Down House）的花房。

① 《迄今所知蚯蚓科中的种类》（*Bidrag till Skandinaviens Oligochaetfauna*），1871 年。

② Die bis jetzt bekannten Arten aus der Familie der Regenwürmer，1845.

③ 有理由相信，踩踏对禾草类的生长是有利的。巴克曼（Buckman）教授在英国皇家农学院试验园内对禾草的生长做过多次观察，他认为："在分散或者小块的田地上种植草类的另一种情形，就是不能把它们碾压或者踩压得过紧，这样也就不能使牧场保持良好的生长状态。"《园艺者笔记》，1854 年，619 页。

（Surrey）的一个石楠灌丛荒地，经过仔细考察，在倾斜的坡道上，只发现有少数的蚯蚓粪便；但是在相对平坦的小道上，却发现一层从上方陡峭地方冲刷下来的细土，厚达几英寸，其中的蚯蚓粪便很多。这里的蚯蚓似乎过于拥挤，部分蚯蚓只好散布到几英尺以外的石楠灌丛，在那里可以看到蚯蚓的粪便分布。越过这一界限，就找不到一丁点儿蚯蚓的粪便了。我坚信，一层土壤，尽管是薄薄的一层细土，长期保持一定的水分湿度，是蚯蚓存活必需的条件。土壤的紧压似乎多少也有益于蚯蚓的生存，在年代较长的碎石小道和田间小路蚯蚓往往会较多一些。

在一年中的某些季节里，大树下很少见到蚯蚓的粪便，这显然是由于这里的土壤中的水分已经被遍布的树根吸收了。因为在这些地方，秋季几场大雨过后，可以见到堆积的蚯蚓粪便。尽管多数小灌木林和树林都有蚯蚓活动，但在诺尔公园（Knole Park），那里有古木参天的山毛榉林，林下寸草不生，却见不到蚯蚓粪便的蛛丝马迹，即使在秋季也是如此。有意思的是，在这片森林深处的一些林间空地或锯齿形地段，杂草丛生的地方，蚯蚓的粪便却很多。据我所了解的信息，在北威尔士（North Wales）的高山和阿尔卑斯（Alps）山的大多区域，蚯蚓非常少见。这也许是因为那里的地面紧挨着下面的岩石，蚯蚓无法挖洞避寒活过冬天。但是，麦金托什（McIntosh）博士在苏格兰希哈利翁（Schiehallion）1500 英尺的高地上，发现了蚯蚓粪便。此外，在意大利都灵（Turin）附近海拔 2000 英尺至 3000 英尺的小山、南印度尼尔吉里（Nilgiri）山脉和喜马拉雅山脉这些高海拔地区，蚯蚓的数量也是很多的。

蚯蚓应被归为陆栖动物。尽管在某种意义上，如同它们所隶属的环节动物纲的其他成员一样，它们也是半水栖的。佩里埃（M. Perrier）发现，把蚯蚓置于室内干燥的空气中，只要一晚的时间，就足以令它毙命。然而，把几只大蚯蚓浸入水中，它们却存活了将近四个月。[①]每当夏季地面干燥的时候，蚯蚓就像冬季土地冻结时的表现一样，钻入地下相当深的地方停止工作。在习性上，蚯蚓属夜行类，一到夜晚，就会看到大群的蚯蚓爬来爬去，但通常它们的尾部并不会离开洞穴。由于尾部的扩张，并借助于那些武装身体稍微倒生的短钢毛，蚯蚓与洞穴抓靠得非常牢固，若想把它们从地里拖拽出来，只会将它们拖拽得支离破碎。[②]白天，蚯蚓一般会停留在洞穴里。只有在交配期的凌晨，才会见到毗连洞穴的蚯蚓将大部分身体暴露出洞穴外一两个小时。有一种因受寄生性蝇幼虫的感染而致病的蚯蚓，它们往往在白天出来爬行，并死于地面。在干旱季节，一场大雨过后，有时在地面上可见到数目惊人的死蚯蚓。高尔顿（Galton）先生曾告诉我，1881 年 3 月，有一次在海德公园（Hyde Park）内一条四步宽的人行道上，平均每两步半就有一条死蚯蚓。在长约 16 步的区域，至少有 45 只死蚯蚓。上述事实表明，这些蚯蚓不可能是被淹死的。如果是被淹死的，它们应死在洞穴里。我认为，它们是染病的蚯蚓，雨后地面被淹，只是加速了它们的死亡。

通常认为，在一般情况下，健康的蚯蚓在夜间不会或极少脱离洞穴活动。这种观点并非绝对正确，塞尔伯恩（Selborne）的怀特（White）先生很早就意识到了这一点。大雨过后的清晨，在铺有碎石的人行小道上的薄层泥浆或细沙上面，时常清晰可见蚯蚓的爬痕。从 8 月到次年 5 月，包括 8 月和 5 月两个月在内，我也曾观察到这样的情形。在 6 月和 7 月，如果天气保持湿润的话，这种情形还会出现。在这些情况下，无论何处所看到的死蚯蚓都很少。1881 年 1 月 31 日，下过大雪又经历持续的严寒之后，融雪出现，人行道上显现出大量的蚯蚓爬行痕迹。有一次，在仅一平方英寸的区域，就有五条爬痕。有时追踪

---

① 我将会时常提到佩里埃那篇有价值的论文《陆栖蚯蚓的机体组成》（*Organisation de Lombriciens terrestres*），载于《动物实验丛刊》（*Archives de zoolog. expér.*），第 3 卷，1874 年，372 页。莫伦（C. F. Morren）曾发现，蚯蚓在夏季浸入水中，可以存活 15 ～ 20 天，在冬季浸入水中就会死去。《陆栖蚯蚓志》（*De Lumbrici terrestris*），1829 年，14 页。

② 莫伦，《陆栖蚯蚓志》，1829 年，67 页。

发现，这些爬痕出自或通向铺有砂砾的人行道上的蚯蚓洞穴口。距离长约 2 码至 15 码之间。我从未见过两条爬痕通向同一个洞口。从后面章节所述蚯蚓的感知器官可知，蚯蚓一旦离开洞穴，不太可能找回到原有洞穴口。显然，一旦离开洞口，它们就踏上了一段新的旅程，寻找下一个栖息场所。

莫伦发现蚯蚓通常紧挨着洞穴口，能够几乎一动不动躺上几个小时。[①] 我在家中的花盆里，也发现了同样的情形，从它们洞穴口往里看，正好看到它们的头部。如果突然移开洞穴口上面排泄出来的土或废物，会见到蚯蚓躯体的末端迅速退缩。停留在靠近地面的洞口处，这种近地表蛰伏的习性使其面临极高的被捕食风险。在某些季节的清晨，全英国的草地上的鸫鸟（thrushes）和乌鸫（blackbirds）从蚯蚓洞穴口里啄出数量惊人的蚯蚓。如果蚯蚓没有停留在紧靠地面的洞口处，这种惨剧就不会发生。蚯蚓的这种习性不太可能是为了呼吸新鲜空气。我们知道，蚯蚓可以长时间在水下存活。我确信它们待在靠近地面的洞口处，是为了取暖，尤其在早上。在下文中，我们会发现，它们经常会用树叶将洞穴口覆盖，这显然是为了避免身体紧贴湿冷的泥土。据说，在冬季，蚯蚓甚至会将洞口完全封盖住。

蚯蚓的形态构造

关于这个问题，有必要先作如下说明。一条大蚯蚓的躯体由 100～200 个近乎圆筒形的环或环节所构成，每个环节都长有细刚毛。蚯蚓肌肉组织发达，可以向前或向后爬行，借助紧接洞穴的尾部，能够迅速退回洞内。蚯蚓的口腔位于躯体的前端，口边有一小突起，叫叶突或唇，用于攫取食物。在蚯蚓的口腔内部，后端有发达的咽，如图 1 所示。

① 莫伦，《陆栖蚯蚓志》，1829 年，14 页。

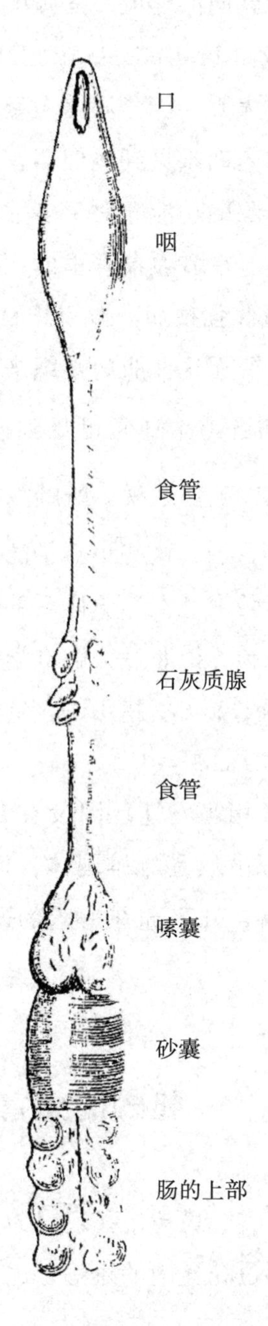

图 1 正蚓（*Lumlricus*）的消化结构图

［兰克思特（Lumbricus），《显微镜学会季刊》（*Quart. Journ. of Microscop. Soc*），15 卷，新辑，第七版］

蚯蚓进食时，咽就向前伸展。据佩里埃观察，蚯蚓的咽，类似于其他环体动物的突鼻（Protrudable trunk）或吻。咽通向食管，在食管两侧的下部有三对大腺，能分泌出大量的碳酸钙。这种石灰质腺值得关注，其他动物体内尚未见到类似器官。在我们探讨蚯蚓的消化过程时，还会讨论这种腺的功能。对于多数的蚯蚓种类，食管在通向砂囊之前就膨大为嗉囊。在砂囊器官里面，衬有一层厚而光滑的几丁质膜，并缠绕着弱纵肌和强横肌。佩里埃认为这些肌肉活动强而有力。他认为食物的咀嚼主要靠这些肌肉组织来完成，因为蚯蚓没有牙齿和颚。在蚯蚓的砂囊和肠道中通常可见到沙粒和小石子，直径约$\frac{1}{20}$英寸到$\frac{1}{10}$英寸不等。可以确切地说，蚯蚓除了在挖洞时吞下这些小石子外，还要另外吞食小石子。这些小石子的功用大概是当作磨石，用来磨碎食物。砂囊通入肠内，直达躯体后部的肛门。蚯蚓的肠道具有特殊的结构，那就是盲肠。依照过去解剖学家的说法，即肠内之肠。正如克拉帕雷德（Claparède）所指出的，这部分的构造是肠壁纵深卷缩而成，大大增加了吸收面积。①

蚯蚓的循环系统相当发达，因没有专门的呼吸器官，呼吸主要靠皮肤来完成。蚯蚓虽然是雌雄同体，但两个个体仍需交配。蚯蚓的神经系统较为完善，几乎连在一起的两个脑神经节非常靠近躯体前端。

蚯蚓的感官

蚯蚓没有视觉器官。最初，我还以为它们对光毫无感觉，因为我曾反复使用烛光观察过花盆内的蚯蚓，还用灯光多次观察过室外的蚯

① 《组织学 · 关于蚯蚓的研究》（*Histolog. Untersuchungen über die Regenwürmer*），见《科学杂志 · 动物学部分》，第 19 卷，1869 年，611 页。

蚓。被观察到的蚯蚓，他们对光很少表现出惊恐，虽说它们是很胆怯的动物。还有一些学者，在夜间以同样的方式，也毫不费力地观察到了这种情况。[①]

不过，霍夫迈斯特认为，除少数个体外，蚯蚓对光极为敏感；但他也承认，大多数情况下，蚯蚓对光的反应，需要经过一定的时间。[②]为此，我接连几个夜晚观察花盆里的蚯蚓，为了防止空气流动的干扰，在花盆外罩了一个玻璃盖子。我轻轻靠近花盆，以免引起花盆附近的地板振动。用一盏凸透镜信号灯去照射蚯蚓，信号灯侧面镶嵌有深红色和蓝色的玻璃片，这些玻璃片遮挡了很多光，很费力才能看到蚯蚓。结果无论照射多长时间，蚯蚓对这种光没有任何反应。据我当时推断，那种灯光比满月时的月光要明亮些，光的颜色显然对实验结果没有什么影响。我还使用烛光或明亮的石蜡灯照射蚯蚓，起初它们也没有什么反应，甚至在一明一暗地交替照射它们时，它们也没有什么反应。但是，它们有时也会表现出异常的行为。例如，当光照射在身体上的时候，它们有时会瞬间缩回洞里。这种情况在十二次中也许只发生一次。如果它们不立即缩回洞里，常常会从地面翘起不断变尖的身体前端，仿佛光线已经引起了它们的注意，又好像受到了惊吓。它们或者还会左右蠕动身体，似乎在触摸什么东西。它们看起来好像为光所苦，但我怀疑这种说法的真实性。因为曾经有过两次，慢慢缩回洞里后，它们又将其身体的前端略微伸出洞口外，停留了好长时间，而在这个位置，它们可以随时瞬间完全地缩回洞里。

当用大透镜将烛光聚在其身体前端，它们一般会立刻缩回洞内。但是，在六次实验中大概只有一次，这种聚光并不起作用。有一次，光聚到了躺在碟内水底下的一只蚯蚓身上，结果它瞬间缩回了洞里。在所有的实验中，除非光线极弱，光照时间的长短可以导致不同的观察

① 例如布里奇曼（L. Bridgman）和纽曼（Newman）先生［《动物学家》（*The Zoologist*），第7卷，1849年，2576页］及曾替我观察蚯蚓的一些朋友。

② 见《蚯蚓科》（*Familie der Regenwürmer*），1845年，18页。

结果。持续暴露在烛光或石蜡灯光的蚯蚓，一定会在 5 ～ 15 分钟之内退回洞内。如果在傍晚蚯蚓出洞之前，用光照射花盆，它们干脆就不出来了。

从以上事实不难看出，光照的强度和时间，影响光线对蚯蚓的作用。依据霍夫迈斯特所言和我个人多次的观察，蚯蚓只有脑神经节所在的身体前端对光有反应。光照时，如果遮盖住身体前端，使光线充分照射其他部位，蚯蚓不会做出任何反应。因为蚯蚓没有视觉，我们只好假定，光穿透了蚯蚓的皮肤，通过某种方式刺激了它的脑神经。最初，看起来似乎有这种可能。蚯蚓在不同情形下受光影响的表现形式也不同，可能是由于皮肤的不同伸展程度以及因此造成的透明度不同，或者由于光的射入方式不同，但我始终没有发现这种关系。有一点是肯定的，当蚯蚓忙于拖拽叶子入洞或吞食叶子的时候，甚至在它们暂停工作稍事休息时，蚯蚓对光并没有感知或者根本就无视光的存在。即便通过大透镜将光线聚在它们身上，它们也没有什么反应。还有一种情形也是如此，交配时，蚯蚓会爬到洞外，完全暴露在晨光中一两个小时。但据霍夫迈斯特所说，光照偶尔会使交配的个体分开。

蚯蚓突然受到光线照射后，会像兔子般窜进洞里（借用一个朋友的说法）。起初，我们把这种反应看作反射行为。对大脑神经节的刺激，似乎引起某部分肌肉收缩，如自动装置一般，这种反应与意志和意识无关。但是，如前文所述，不同情境下，感受光线影响的表现方式不同。无论是工作时或者歇息时，不管是哪一部分肌肉及神经节在起作用，蚯蚓均对光线置之不理。这一事实并不支持把蚯蚓遇光后迅速缩入洞内的行为视为单纯反射作用的观点。对于高等动物而言，当密切注意某一物体而导致忽视其他物体必然产生的印象时，我们把这种表现归因于注意力正被吸引。注意力意味着心智的存在。每个狩猎者都知道，最容易靠近动物的时刻是在它们正在吃草、打斗、求偶的时候。同样，高等动物的神经系统，在不同时刻所表现的状态也有差别。例如，马在某一时刻往往比另一时刻更容易受惊。在这里，将高等动物的马与低等动物的蚯蚓作比较，看似太过牵强。因为这样做无异于认为蚯蚓具有注意力和某种心智能力，但是在我看来，这没什么不妥。

虽然不能说蚯蚓具有视觉，但对光线的敏感性使它们可以分辨出白天与黑夜，从而使它们避开了许多昼行动物的攻击。不过蚯蚓白天退入洞内似乎已经成为它们的习性。我们曾把养有蚯蚓的花盆罩上一块玻璃，玻璃上再铺上几层黑纸，之后放在东北面的窗前观察。结果发现，蚯蚓白天总是躲在洞中，到晚间才出来活动，这种行为持续了一个星期。毫无疑问，有少量的光线可能从玻璃板和黑纸透了过去。不过，根据我们用有色玻璃做的几次观察试验得知，蚯蚓对少量光线并没有反应。

蚯蚓对中等强度辐射热的感受不如对亮光那么敏感。之所以得出这样的判断，是因为我曾在不同的时间，将一根烧到暗红色的拨火铁棒靠近蚯蚓，距离的远近以我的手部感到很暖作为标准。结果发现，第一只蚯蚓纹丝不动；第二只蚯蚓缩回了洞穴里，但不是很迅速；第三只和第四只蚯蚓较第二只快得多地缩回了洞穴里；第五只蚯蚓缩回得更快，非常迅速！随后，我又用凸透镜将烛光聚到一层玻璃上，玻璃可以阻断大部分的热量。结果，相对于先前使用加热拨火棒靠近蚯蚓的情形，这种聚光令蚯蚓缩回洞内的速度更快。蚯蚓对低温敏感，在霜冻期间，蚯蚓都待在洞穴里。

蚯蚓没有听觉。它们对金属哨子发出的尖锐声响没有任何反应，即使靠近它们反复吹奏也没有反应。巴松管所发出的最厚重高昂的音调也不能影响它们。不论你如何大声喊叫，只要小心不要让叫喊时产生的呼气触及到它们，它们就不会有任何反应。把蚯蚓放到钢琴琴键旁的桌子上，即便最大限度地奏响钢琴，它们仍然会一丝不动。

虽然对我们人类听得到的空气波动没有感觉，但是蚯蚓对任何固体的震动却极度敏感。把养着两只蚯蚓的花盆放置到钢琴上，尽管先前这两只蚯蚓放在桌子上时对钢琴声无动于衷，但此时，当弹奏低音部的C音符时，它们瞬间就缩回了洞里。过一会儿，它们又爬出来了；当再次弹奏高音部的G音符时，它们又退回去了。在另一个晚上，同样地将花盆放在钢琴上，刚刚弹奏一下最高音符，有一只蚯蚓就退缩回去了；另一只蚯蚓，在弹奏最高音部的C音符时，也退缩回去了。在这几次观察过程中，蚯蚓都没有与花盆的内壁接触，花盆放在盆托上，钢琴弦的振动在传到蚯蚓身体之前，经由琴板、盆托、花盆底部和疏松的湿土，蚯蚓就躺在湿土上，尾巴插在洞穴里。当我偶尔轻轻地拍一下花盆或放花盆的桌子时，蚯蚓也会有所反应，但是似乎不如对钢琴的振动反应那么敏锐。对这类振动，蚯蚓在不同时间，反应差异也很大。

常听人说，如果用力敲击地面，或以其他方式造成地面震动，蚯蚓就会以为有鼹鼠搜寻它们，因而会离开洞穴。根据我收到的一份资料，相信上述情形是常有的。有一位先生曾向我描述，前些日子他看到8只或10只蚯蚓离开洞穴，在一块沼泽地上爬来爬去，这块沼泽地刚刚被两个男子在挖掘陷阱时踩踏过。这件事发生在爱尔兰，那里并没有鼹鼠。一位志愿人员曾向我讲述，在他的同伴打过一排空弹几分钟之后，他看到许多大的蚯蚓在草地上快速地爬来爬去。凤头鹬（*Tringa vanellus* Linn.）似乎本能地知道，当地面发生震颤时，蚯蚓就会爬出洞穴。穆尔豪斯（Moorhouse）先生告诉我，斯坦利（Stanley）主教曾观察到，一只受观测的幼年凤头鹬习惯单腿站立，另一条腿用力敲打地面，直到蚯蚓爬出洞穴，再迅速把它们啄食掉。但是，据我所知，用铁锹猛烈击打地面，使地面震颤，蚯蚓也未必爬出洞来，也许是击打得太过猛烈所致。

蚯蚓的全身对接触都很敏感。从口中呼出的微弱气流都会令蚯蚓迅速退入洞内。如果花盆上面罩着的玻璃板没有盖严，留下小的缝隙，通过这些小缝隙吹口气，也足以让蚯蚓快速退入洞里。它们有时还会感觉到快速移开玻璃板时产生的空气旋流。蚯蚓爬出洞穴时，通常是伸得长长的身体前端左摇右摆地向四周移动，这显然是在充当感觉器官。正如在下一章会谈到的，我们有理由相信，蚯蚓的身体前端可以感知某一物体的形状。在蚯蚓所有的感觉器官中，蚯蚓的触觉，包括对震动的感知，看起来是最发达的。

蚯蚓的嗅觉仅局限于某些气味，而且是微弱的。我曾对着它们轻轻呼吸，它们对我的呼吸没有什么反应。我做这个实验，旨在验证其是否具备通过气味预警敌人靠近的能力。当我口中咀嚼烟草，或者含着浸有几滴什锦香精或醋酸的小棉球时，蚯蚓对我的呼吸依旧没有什么反应。后来我又用钳子夹住用烟草汁、什锦香精及石蜡浸泡过的棉花球，在距离几条蚯蚓约两三英寸的地方来回晃动，仍未引起它们的注意。也有过那么一两次，当把醋酸洒在棉球上，蚯蚓好像有点不舒服，这可能是由于它们的皮肤受了醋酸刺激所致。这些非自然的气味，对蚯蚓应当是没有什么作用的。像蚯蚓这样胆小的动物，对任何新的刺激肯定会有相应反应的，因此我们推断蚯蚓并没有感知到这些气味。

当我们用甘蓝叶和洋葱碎片接近蚯蚓时，结果却不一样，这两种蔬菜都是蚯蚓喜欢吃的。我曾把小块的肉片、半腐的甘蓝叶和洋葱茎埋在花盆土下$\frac{1}{4}$英寸处，共做过 9 次这样的试验，蚯蚓总是能成功找到这些食物。过了两个小时，一块甘蓝就被找到并搬动了；另有三块到第二天凌晨，也就是过了一晚被搬动；还有两块过了两个夜晚后被搬动；第七块在三个夜晚后才被搬动。两小片洋葱在过了三个夜晚之后，才发现被搬动过。我还将几小块蚯蚓喜欢吃的鲜肉埋到土里，48 个小时不曾被蚯蚓发现。因为在这段时间内，肉还没有腐烂。在各种被埋物上面，土只是轻而松地往下压着，不致妨碍气味的释放。但有两次，因为浇了好些水，导致表层土紧实了些。当甘蓝和洋葱碎片被搬动后，我察看蔬菜碎片下面，看看蚯蚓有没有偶然从洞里爬出来，但并没有看到任何痕迹。有两次，把掩埋物放置在几块锡箔片上，那些锡箔片也没有被动过。也有可能，在尾巴插入洞中，身体在地面上移动时，蚯蚓将头部探到上述掩埋物的下面。但是，我却从未观察到这种情形。曾有两次，把一些甘蓝和洋葱片埋在很细的铁锈色沙子下面，轻轻压过后，再充分浇水，以使铁锈色沙子更为紧实，结果蚯蚓根本没有发现这些蔬菜碎片。第三次，我将同样的蔬菜碎片埋在同样的沙子下面，但是这次没有浇水也没有紧压，结果在第二天晚上就发现蚯蚓搬动了甘蓝叶。以上这些事实说明，蚯蚓有一点儿嗅觉，并且通过嗅觉觅食清香可口的食物。

可以假定，凡以各种物质为食的动物都有味觉，蚯蚓也不例外。蚯蚓最青睐甘蓝叶子，它们可以区分不同品种的甘蓝叶，这可能是因为不同品种的菜叶味道有所差别。曾有过 11 次，我用新鲜普通绿色品种菜叶与同样新鲜腌渍用的红色品种菜叶同时喂食蚯蚓，结果它们偏爱绿色品种，对红色品种不理睬或稍咬一口。但是有两次，它们好像又喜欢红色品种。对于红色半腐烂的菜叶和新鲜的绿色菜叶，蚯蚓咬食的情况几乎一样。如果把它们最喜欢的甘蓝、辣根及洋葱叶子一起喂食，蚯蚓则对洋葱更喜爱。后来又用甘蓝、椴树、蛇葡萄、欧洲防风和芹菜的叶子一同喂食，结果蚯蚓最先吃下的是芹菜叶。但是，如果把甘蓝、萝卜、甜菜、芹菜、野樱桃和胡萝卜的叶子同时喂食，蚯蚓最喜欢吃后两种，即野樱桃和胡萝卜的叶子。尤其是胡萝卜叶子，远非其他品种可比，即使芹菜也无法相比。经过多次试验发现，蚯蚓对野生樱桃叶的喜食程度大大超过菩提树叶和榛树叶。据布里奇曼先生的观察，蚯蚓特别喜食春天蓝绣球半腐蚀的叶子。[①]

将甘蓝、萝卜、辣根的叶子和几片洋葱放置在花盆中 22 天后，所有的叶子都被咬食过，以致需要更新这些菜叶。在同一时段内，掺杂在上述菜叶中的艾叶、烹调用的香鼠尾草、百里香、薄荷的叶子，除了薄荷叶被零星咬了几口，其他叶子基本没有被动过。后四种叶子的

① 见《动物学家》，第 7 卷，1849 年，2576 页。

叶片组织与前几种没有什么不同，却不能引起蚯蚓的咬食，而且这四种叶子与前几种叶子的气味同样强烈。所以，蚯蚓对这两类叶子的不同喜好，可能是由于叶子自身味道的不同造成的。

蚯蚓的智力特征

我们都知道蚯蚓是生性胆怯的动物，这方面无须多讲。蚯蚓受伤时，是否像扭曲的身体所表现的那般痛苦，这一点值得怀疑。从特别偏好某些食物判断，蚯蚓一定很享受吃的快乐。性欲足以使它们克服对光线的恐惧。它们也许有一定的群体观念，并不介意别的蚯蚓在自己身上爬来爬去，有时候还躺在一起。据霍夫迈斯特观察，蚯蚓过冬时，有的独自呆在洞底，有的与其他成员滚成一团，像一个球。[①] 蚯蚓的感官有着明显的缺陷，并不意味着它们没有智力，这一点，我们从布里奇曼所列举的情形中可以得出。如前所述，当蚯蚓特别关注某一物体时，它们会忽视一些本来可以注意到的其他物体，而注意力意味着某种智力的存在。在某些情形下，蚯蚓比平时更易激动。出于本能，蚯蚓可以完成一些行为。也就是说，所有的蚯蚓，包括年幼的蚯蚓，以几乎同样的方式完成这些行为。比如，环毛蚯蚓会将排出的粪便，构筑成塔状堆积物，普通蚯蚓会在洞穴内铺上一层细土和小石子，在靠近洞口处铺上一层叶子。蚯蚓最大的一个本能是用各种物体堵住洞口，即使很幼小的蚯蚓也会这样做。令我甚为惊讶的是，这一行为，确实表明蚯蚓存在一定程度的智力。有关这一点，我们将在下一章描述。

① 见《蚯蚓科》，13 页。斯特蒂文特（Sturtevant）博士曾在《纽约每周论坛报》说，他曾把三条蚯蚓放在一个非常干燥的花盆内，结果它们缠绕在一起，形成一团，状态良好。

蚯蚓的食物与消化

蚯蚓是杂食动物，它们吞食大量的土，从土中吸取可消化的物质，有关这个问题，我后续还会阐述。它们还吃各种半腐蚀的叶子，但不包括那些不合它们胃口或者太过粗糙的品种，比如叶柄、花梗和腐烂的花。经多次试验发现，蚯蚓也吞食新鲜叶子。据莫伦叙述，蚯蚓还吃砂糖和甘草屑。[①] 我养的蚯蚓曾把许多干淀粉拖回洞穴内，其中有一块大一点的淀粉块周边的棱角，因蚯蚓口中吐出液体的作用，已经变得圆滑。考虑到蚯蚓曾把一些白垩类的松软石质微粒拽入洞中，这些干淀粉不一定是作为食物。用长别针将几片生肉和烤肉固定在花盆的土壤表面，接连几个晚上发现蚯蚓在用力拖拽这些肉片，肉片的边缘已经被吞入口中，吃掉了很多。相对于烤肉片和其他试过的几种食物，蚯蚓更喜食生肉。它们还吃自己的同类。我曾将一条死蚯蚓的两个半截身体分别放入两个花盆。结果发现，死蚯蚓的半截身体都被蚯蚓拖入了洞穴内，还被咬食过。相对于腐肉，蚯蚓更喜食生鲜肉，我的这个看法与霍夫迈斯特的观点不一致。

弗雷德里克（Leon Fredericq）认为，蚯蚓的消化液与高等动物的胰液性质相当，这一观点与蚯蚓的食物种类相符。[②] 胰液可以乳化脂肪，我恰恰曾观察到蚯蚓贪婪地吞食脂肪的情形。蚯蚓也吃生肉，胰液能够分解纤维蛋白，还能够迅速将淀粉转化为葡萄糖。下文可说明蚯蚓的消化液可以作用于淀粉。[③] 蚯蚓主要以半腐烂的叶子为食，如果蚯蚓不能消化构成植物细胞壁的纤维素，那么这些叶子对它们就一无是处了。我们都知道，在叶子脱落的瞬间，纤维素以外的其他营养

---

① 莫伦，《陆栖蚯蚓志》，1829 年，19 页。

② 《动物学实验丛刊》，第 7 卷，1878 年，394 页。当我写作此页时，我尚未获悉克鲁肯贝格（Krukenberg）过去已研究过蚯蚓的消化液。他说蚯蚓的消化液含有肽酶、糖化酶和胰蛋白酶，见《海德尔堡大学生理研究所研究报告》，第 2 卷，1877 年，37 页。

③ 关于胰腺酶的作用可参阅福斯特（Michael Foster）所著《生理学教科书》（*A Text-Book of Physiology*），第 2 版，1878 年，198—203 页。

元素几乎已经全部从叶子中跑掉了。现在得以确认的是，尽管纤维素几乎不能或很少被高等动物的胃液分解，胰腺分泌的消化液确实作用于纤维素。[①]

蚯蚓将半腐蚀或新鲜的叶子拖入洞穴下 1 ～ 3 英寸的深度，之后分泌一种液体，浸润这些叶子。有学者推断，这种液体可以加速叶子的腐烂。我曾两次从蚯蚓洞穴中取出大量叶片，将其置于书房的钟形玻璃罩内。罩里面很潮湿，叶片被存放在那里几个星期。结果显示，被蚯蚓体液浸润的那部分叶片，其腐烂速度并未明显快于其他部分。在傍晚时分，把新鲜的叶子放到玻璃板下，次日凌晨发现，叶子可能刚被拖入洞内不久，用中性试纸测试蚯蚓用来浸润叶子的分泌物，显示为碱性。反复用芹菜、卷心菜和萝卜叶子做这个实验，结果都相同。再取出部分没有被分泌液浸润的叶子，加入几滴蒸馏水，捣碎后，得到的叶汁并没有呈现碱性。提取早前不知什么时候被蚯蚓拖入室外洞穴内的叶子，做同样的实验，尽管叶子还是湿润的，也很少有碱性反应。

蚯蚓用来浸润叶子的分泌液，在叶子还新鲜或近乎新鲜的时候，可以快速神奇地使其分解褪色。例如，被拖进洞穴内的新鲜胡萝卜叶子在 12 小时后全部变成了深褐色，芹菜、萝卜、槭树、椴树的叶子，常春藤的薄叶子，偶尔还有甘蓝的叶子，也是这样。一片与植株相连的偃麦草（*Triticum repens*）叶子也被拖进了洞穴内，相连的部分，已变成暗褐色枯死了，而其他部分还是鲜绿的。取自室外蚯蚓洞中的几片椴树、榆树叶子，也都发生了改变，但是程度各不相同。最初的变化似乎是叶脉变成了暗红色，后来含叶绿素的细胞几乎完全失去了绿色，最后只剩下了褐色的物质。像这样起了变化的部分，常因反射光几乎呈现黑色透明状，但在显微镜下观察，却显示出微小的光斑。这一现象，并没有在未起变化的那部分叶子上观察到。这些结果

① 施穆洛维奇（Schmulewitsch）著《消化液对纤维素的作用》（*Action des Sucs digestifs surla Cellulose*），《圣彼得堡帝国科学院报告》，25 卷，1879 年，549 页。

表明，蚯蚓的分泌液对叶子具有高度毒害性。因为在一两天内，各种嫩叶都呈现出几乎同样的结果，无论加入的人造胰液是否带有百里酚。如果只用百里酚溶液，也很快发生了作用。有一次，将榛树的叶子浸泡在未加入任何百里酚的胰液里，18 小时后，叶子褪去了大部分颜色。在温暖的天气里，将小的嫩叶浸在人的唾液中，也可产生同样的现象，但没有 18 小时那么快。以上用于试验的叶子通常都被液体浸透了。

爬墙生长的常春藤大叶子，坚硬得让蚯蚓无法咀嚼，但 4 天后，却被蚯蚓口吐的汁液以一种特别的方式分解了。蚯蚓爬过的上表层（从叶子表面覆盖的灰尘痕迹可以推断出蚯蚓在上面爬过）出现了波状纹。上面有些许发白的星状斑点，斑点直径约 2 毫米，斑点的分布有连续的，也有间断的。这种形态，很像被一些小昆虫的幼虫打过洞一样。不过，我儿子弗朗西斯将这部分叶子做成切片，经反复观察，却没有见到细胞壁破损或表皮被穿破的情形。白斑部分的切片显示，叶绿体多少有些变色，有些栅栏细胞和叶肉细胞只剩下了破损的粒状物质。由这些现象推断，蚯蚓的分泌液穿透了叶子的表皮渗入到细胞中。

蚯蚓的分泌液还可以作用于细胞内的淀粉粒。我儿子曾仔细观察过被拖入洞内的一些梣树和大量的椴树落叶。我们知道，落叶中的淀粉粒存在于气孔的保卫细胞内。从被拖入洞内的这些叶子看，同一片叶子，被蚯蚓分泌液浸润过的部分，淀粉已经全部或部分丢失；未被浸润的那部分，淀粉依旧保存完好。有时，两个保卫细胞中，会有一个细胞的淀粉被分解。其中有一片叶子的细胞核，已经与淀粉粒一起消失了。单独被埋藏在湿土下 9 天并不会导致椴树叶内淀粉粒的消失。相反，若是将新鲜的椴树叶子浸泡在人工胰液中 18 小时，即可以导致保卫细胞以及其他细胞内淀粉粒的分解。

综上所述，蚯蚓用于浸润叶子的分泌液呈碱性，可以作用于细胞内的淀粉粒和原生质内含物。基于此，我们可以推断这种分泌液的功能有别于人体的唾液，类似于胰液。我们从克拉帕雷德（Claparède）的研究[①]得知，这种液体存在于蚯蚓的肠内。因为被拖到洞中的叶子一般都已干枯或萎缩，要想分解这些叶子，蚯蚓必须先用口将其湿润、软化。即使是新鲜的叶子，无论有多么软嫩，蚯蚓也要做同样的处理，没有什么特别的原因，很可能是出于习惯。结果，在进入消化道之前，叶子已经被部分消化分解。目前，我尚未发现任何其他有关食物在胃外消化的记录。据说，大蟒蛇用唾液浸润猎物，但这只是为了润滑食物。也许与蚯蚓最为相近的情形是毛毡苔和捕蝇草类的植物，它们的叶子表面可以消化动物性的物质，并将其转化成蛋白胨。

石灰质腺

从其大小和血管组织的丰富程度来看，石灰质腺（如图 1 所示）对蚯蚓一定至关重要。但关于它的功能，众说纷纭，结论各不相同。这些腺体分成三对。普通蚯蚓体内的这三对腺，在通入砂囊之前先通入消化道，但是在尾索属（*Urochaela*）或其他属的蚯蚓体内的三对腺，在砂囊之后通入消化道。[②]后部的两对腺由薄层构成。据克拉帕雷德说，薄层是从食道伸出来的盲肠。[③]这些薄层被一层肉质性细胞包裹着，并有大量的外部细胞处于游离状态。如果刺破一个腺体，并挤压，就会渗出含有这些游离细胞的白色肉质状物质。这些细胞很微小，直径在 2 ～ 6 微米之间。细胞中央含有少许极其细小的颗粒物质，这些颗粒物质看起来类似油滴，所以克拉帕雷德等人最初都用乙醚来处理它们。经乙醚处理后，这些颗粒物质没有发生任何反应，但是它

① 克拉帕雷德（Claparède）怀疑蚯蚓是否有唾液分泌。《科学杂志・动物学部分》，19 卷，1869 年，601 页。

② 佩里埃，《动物学实验丛刊》，1874 年 7 月，416—419 页。

③《科学杂志・动物学部分》，19 卷，1869 年，603—606 页。

们能迅速溶于醋酸，并产生泡沫。如果在醋酸溶液中再加入草酸胺，就会产生白色沉淀物。因此我们推断，这些颗粒物质含有碳酸钙。被浸入极少的酸中，这些细胞就变得更加透明，看起来似形骸细胞，而且很快就变得无影无踪。被浸入更多的酸中，它们会瞬间消失，大量溶解后，只剩下绒毛状残余物。显然，这些残余物是一些纤细的、已经破裂的细胞壁。在两对后腺体中，细胞所含的碳酸钙偶尔会聚集成小菱形晶体或凝结体。这些晶体或凝结体多存在于薄层之间。这种情况，我只观察到一次，克拉帕雷德也仅见到过几次。

两个前腺与四个后腺的外形有些不同，前者更趋向椭圆形。二者更为显著的差别是，它们所含有的碳酸钙凝结体的数量和大小不同。前腺一般包含几个小凝结体或者两三个较大的凝结体，或者一个很大的凝结体，直径达 1.5 毫米。如果一个腺体内只有几个小凝结体或者根本就没有凝结体，人们很容易忽略它们。大的凝结体呈圆形或椭圆形，外表几乎是光滑的。有人曾看到一个凝结体大到不仅充满了整个腺体，还塞满了腺颈，看上去就像装橄榄油的长颈瓶一般。把这些凝结体弄碎后，可以看出它们在结构上多少是晶态的。凝结体是如何从腺内逸出的，目前还是个谜。但是，凝结体从腺内逸出，这一点是无疑的，因为经常在蚯蚓的砂囊、肠道和粪便里发现这些凝结体。无论在室内养殖或室外生存的蚯蚓都是这种情况。

克拉帕雷德对两个前腺的结构谈得很少。他认为，组成凝结体的含钙物质产生于四个后腺。但是，如果将只含有小块凝结体的一个前腺浸入醋酸中，然后解剖，或者把未经醋酸处理的前腺直接做成切片，会清楚地看到像后腺中那样包裹着细胞物质的薄层，与易溶于醋酸的许多钙性游离细胞一同存在。如果一个腺内被一个大凝结体全部充满时，就没有游离细胞。因为在形成凝结体的过程中，游离细胞已被消耗尽了。如果将这样的大凝结体或者中等的凝结体在酸中溶解，就会留下许多膜状物质。这种膜状物质可能是前期比较活跃的薄层残留物。大块凝结体形成并排出之后，新的薄片组织一定会以某种方式发育起来。在我儿子做的一个切片里，这个腺含有两个较大的凝结体，显然早已开始了这一过程。在近细胞壁的地方，交叉分布着几个圆筒形和椭圆形的管状物，这些管状物内衬有细胞物质并充满了钙性游离细胞。几个椭圆形的管状物沿着某一个方向，最大限度地延展，就会形成那些薄层。

除了看不见有细胞核的游离含钙细胞之外，我还三次看见过其他较大一些的游离细胞。这些细胞都含有明显的细胞核和核仁。因为受到醋酸的强烈作用，它们变得更加清晰。从前腺内的两个薄层中取出一块极小的凝结体观察，我发现，它内嵌在果肉状的细胞物质内，带有许多含钙游离细胞，与许多较大的游离具核细胞分布在一起。这些具核细胞没有受到醋酸的影响，但那些含钙游离细胞却能被醋酸所溶解。从这一点和其他类似情况推断，含碳钙细胞是由较大的具核细胞发展起来的。但是发展过程怎样，我还不能确定。

当前腺只含有几块小凝结体时，有些凝结体的外形，一般有角状或结晶状的表面，而大部分都具有桑葚形状的表面。含钙细胞附着在这些桑葚状的不规则表面。在它们还附着在表面的时候，可以追踪到它们如何逐渐地消失。因此，很明显，凝结体由含钙游离细胞内的石灰构成。当较小凝结体逐渐增大时，它们就彼此接触合并起来，包卷住了尚无功用的薄层。最大的凝结体就是这样形成的。为什么这一过程一般发生在一对前腺内，却很少在后腺，其中原因尚未完全揭开。据莫伦说，这些腺在冬季就会消失。我也观察到几例同样的情形，还观察到其他事例。在冬季，无论前腺还是后腺都变得缩小、空瘪，以致要很费力气才能辨别出来。

石灰质腺的主要功能是排泄，其次是辅助消化。蚯蚓吃掉大量的落叶，而我们知道，在叶子脱离于植物母体前，石灰质会持续在叶子中积聚，而不是像其他有机或非有机物质那样被茎或根吸收。[①] 现在

① 德 · 弗里斯（De Vries），《农业年鉴》（*Land wirth. Jahrbüchen*），1881 年，77 页。

已知，金合欢树一片叶子的灰分中，含有高达72%的石灰质。因此，可以想象，蚯蚓腹中一定会充满这样的石灰质土，除非它具有某种专门的排泄器官，石灰质腺正好满足了这一需求。在覆盖于白垩层上的腐殖土中，发现生长在那里的蚯蚓的肠内充满了石灰质，其粪便也几乎全部是白色的。很显然，在这种环境下，钙质供应一定过量了。但是，采集了几只在这种环境下生长的蚯蚓后，检查发现，其腺内的含钙游离细胞以及大块钙质凝结体的数量与那些在没有或少有石灰质的环境中生长的蚯蚓一样多，凝结体的大小也一样大。这一点表明，石灰质是一种排泄物，不是注入到消化道中具有某种特殊用途的分泌物。

此外，以下事实使我们有理由认为，由腺排泄出来的碳酸钙，非常有助于普通情形下的消化过程。叶子在腐烂过程中产生各种大量酸类，统称为腐殖酸。这一问题我们将在第五章重点讨论。在此，我只强调一点，这些酸对石灰中的碳酸钙的作用强烈。蚯蚓大量吞食的半腐蚀的叶子，经浸润并在消化道内磨碎之后，易于产生这类腐殖酸。对几只蚯蚓的石蕊试纸试验表明，其消化道中的内含物质呈明显酸性。这不可能是消化液的酸性，因为胰液是碱性的，我们已经观察到蚯蚓口中吐出使叶子便于食用的分泌液也呈碱性。这种酸性也不可能是尿酸，因为蚯蚓肠内上部的物质明显呈酸性。曾有一次，测得砂囊的内含物稍带酸性，而肠内上部的内含物明显呈酸性。还有一次测得，咽的内含物不呈酸性。砂囊的内含物是否呈酸性，还属疑问，不过肠的内含物在距砂囊下约5厘米处明显呈酸性。甚至草食和杂食的高等动物大肠的内含物也呈酸性。“不过，这并非由于黏膜有什么酸性分泌物而导致，在大肠或小肠里，肠壁的反应均为碱性。这一定是肠的内含物自身所进行的酸性发酵作用而引起的结果。……据说食肉类动物盲肠的内含物都呈碱性，而且，自然发酵的程度主要取决于食物的性质。”[①]

① 福斯特，《生理学教科书》，第2版，1878年，243页。

对蚯蚓来讲，不仅肠的内含物，还有排泄物连同粪便，一般也呈酸性。对30份取自不同区域的蚯蚓粪便进行测试，除了三四份例外，其他都呈酸性。之所以有例外，很可能是因为粪便不是最新排泄出的。因为有一些粪便最初是酸性的，但到了第二天早晨，变干再被湿润后，就不再呈酸性了。这可能是为人熟知的腐殖酸易分解的缘故。其中有5份粪便，取自于生长在白垩层之上腐殖土中的蚯蚓，都呈白色，富含钙质，没有一点的酸性。由此可见，碳酸钙有效中和了肠内的酸性。把蚯蚓养殖在盛满细沙的花盆内，可以清楚观察到，覆盖石英粒的氧化铁已经在蚯蚓粪便中，从石英粒上分解并脱落下来。

如前所述，蚯蚓的消化液与高等动物的胰分泌物作用相似。对于高等动物，“胰的消化作用实质上是碱性的，除非有一些碱存在，否则这种作用就不会发生，而碱性汁液受酸化作用的抑制，又受中和作用的阻碍。”① 所以，很有可能由蚯蚓体内4个后腺注入到消化道的大量含钙细胞，能近乎完全地中和半腐叶子所产生的酸类。我们已经观察到，这些含钙细胞只要遇到少量醋酸就可立即分解。鉴于它们即使只去中和掉消化道上部的内含物往往也还不够多。钙质或许就在前腺内汇聚成凝结体，以便部分凝结体可以向下被输入肠道的后部，在那里与酸性内含物相互混搅。肠内和粪便内所见到的凝结体，在外观上通常有磨损的痕迹，这是由一定量的物理磨损还是由化学腐蚀导致的，很难判断。克拉帕雷德相信，凝结体主要起到磨石的作用，有助于磨碎食物。也许这种方式可以提供一些助力，但我完全赞同佩里埃的观点，他认为这种助力只是次要的。因为我们知道，磨碎食物这个目的早已由蚯蚓的砂囊和肠道内普遍存在的小石块完成了。

① 福斯特，《生理学教科书》，第2版，1878年，200页。

达尔文故居的餐厅。

第二章

蚯蚓的习性（续）

· Chapter Ⅱ. Habits of Worms — Continued ·

蚯蚓攫取物体的方式——吮吸力——封塞洞口的本能——堆积在洞穴口的石子——由此得到的益处——在封塞洞口时表现出来的智能——用于封塞洞口的各种叶子及其他物体——纸做的三角形——总结蚯蚓所显示的某种智能的依据——钻洞穴的方法，把土推开并吞咽下去——吞咽土，因为它含有营养物质——钻洞的深度和洞穴的构造——洞穴里面用粪便填充，在洞穴上部则用叶子填充——洞穴底部则铺垫小石子或种子——排泄粪便方式——陈旧洞穴的塌陷——蚯蚓的分布——孟加拉的塔状蚯蚓粪堆——尼尔基里山脉的大型蚯蚓粪堆——世界各地的蚯蚓粪堆

在饲养蚯蚓的花盆里，我把叶子埋在土中，并在晚上观察蚯蚓如何获取这些叶子。观察发现，蚯蚓常常使劲把叶子往洞里拖拽，只要叶子足够嫩，它们就会把叶子咬成小块，并吸吮叶子的汁液。它们通常用嘴咬住叶子薄薄的边缘，衔在突出的上下两唇之间，这与佩里埃的观察一致。同时，它们那粗大而强壮的咽在其体腔内向前推进，以此给上唇提供一个支撑点。在遇到宽而平的物体时，蚯蚓应对的方式则完全不同。它们身体的前部尖端，与宽而平的物体一经接触，马上就会缩进后面的环节里去。那尖端部分仿佛被截去了一般，并且变得和身体的其余部分一般粗。这时可以看到这个部分稍为肿胀，我想这是由于咽头稍稍向前推进引起的。后来由于咽头的稍微后缩或扩张，当它和其他物体接触时，类似被截去而又黏滑的身体那一端的下面就形成了真空，因此就和接触物牢牢地黏合在一起。[①] 有一次，我曾清楚看见在这种状况下产生真空的情形。当时有一条大蚯蚓躺在一片松垂的甘蓝叶下面，正要把那叶子拖拽走，因为直接遮住蚯蚓前端的叶面现出了深深的凹痕。还有一次，我看见一条蚯蚓突然松开它紧附着的平坦叶子，瞬间，其身体前端呈现出类似水杯的形状。蚯蚓能以同样方式附着于水底下的物体。我曾亲眼看到一条蚯蚓拖拽浸于水中的一小块洋葱片。

附着在地面上的鲜叶或半鲜叶，常常被蚯蚓咬食过边缘。有时，叶子背面一大片的表皮和所有薄壁组织都被咬去，正面的表皮却丝毫未损。至于叶脉它们是不碰的，所以，有时发现叶子局部变成了叶脉状。考虑到蚯蚓没有牙齿，嘴由很柔软的组织构成，我们可以假定，它们是先用消化液将叶子软化，再用吮吸的方法吃掉鲜叶的边缘及薄壁组织。至于像甘蓝叶或常春藤那样大而厚的坚硬叶子，蚯蚓是不敢

◀ 位于剑桥基督学院的庭院里的纪念达尔文200周年雕像。

① 克拉帕雷德认为，从构造来看，咽头似乎适用于吸吮。《科学杂志·动物学部分》，19卷，1869年，602页。

问津的。不过，我发现一片厚厚的常春藤叶子在腐烂之后，局部转变为叶脉状。

蚯蚓攫取叶子及其他物体，不仅仅用来当作食物，还用来封塞洞穴口，这是其最强大的本能之一。为此，它们会干得很卖力气。辛普森（D. F. Simpson）先生在贝斯沃特（Bayswater）拥有一座带围墙的小花园，那里面的蚯蚓非常多。他曾对我描述，一个寂静潮湿的夜晚，在一棵落有很多叶子的树下，他听见一种非同寻常的沙沙声。于是，他提了灯去查看，结果发现有许多蚯蚓正在拖拽干叶子并将它们往洞里用力地塞，沙沙的响声就是从这里发出的。拖拽入洞穴内的，有很多种叶子和叶柄，一些花梗，还有一些常见树的腐枝、碎纸、羽毛、羊毛及马鬃等。我曾在一个洞穴口见过多达 17 条的绣球藤叶柄突出来，另一洞穴口则有 10 条。这些物体中有一部分，如刚才列举的叶柄、羽毛等，蚯蚓是从来不咬食的。在我花园里的一条砂石铺成的人行道上，发现有几百片奥地利松（*P. austriaca*）或欧洲黑松（*P. nigricans*）的叶子在其基部被蚯蚓拖拽入洞穴。这些松针与树枝接触的一面，形状很特别，如同四足动物腿骨间的关节一样。如果这些叶面哪怕是被咬了一丁点儿，也是很容易看出来的，但并没有发现被咬过的痕迹。包括那些普通双子叶植物的叶子在内，所有被拖拽入洞的叶子都未被咬食过。我曾看见多达 9 片的椴树叶子被拖拽进同一个洞穴，几乎都没有被咬食过。这些叶子或许是被储存起来以备将来使用的。在落叶丰富的地方，有时堆积在洞穴口的叶子数量远远超出蚯蚓能够食用的。一小堆未经用过的叶子往往堆放在已被部分拖拽入洞的叶子上面，状如屋顶。

在短距离内被拖拽入圆筒形洞穴的叶子需要被折叠或压皱。当拖拽另一片叶子时，需要将它折叠在前一片叶子的表面，后续拖拽的叶子也是如此。这样做的结果就是所有被拖拽进洞穴的叶子都被折叠并紧压在一起。为了拖拽进更多的叶子，有时蚯蚓会把洞穴口扩大，或在紧靠原有洞穴附近另开一个洞。通常它们体内排出的湿润黏土填满叶子之间的缝隙，把洞口严密地封塞起来。在许多地方，特别是在秋季和初冬的几个月里，可以看见几百个以这种方式封塞的洞穴。正如下文将谈到的，把叶子拖拽入洞内不仅仅是为了封洞和食用，还为了衬垫洞穴的上部或洞穴口。

当找不到叶子、叶柄、树枝等材料来封塞洞口时，蚯蚓便用小石子来保护洞口。因此，在碎石道上经常可见一堆堆光滑的小圆石，在这里不会有涉及食物的问题。曾有一位夫人非常好奇蚯蚓的习性，故意从几个洞口移走小石砾，并把洞口周围几英寸的地面打扫干净。第二天夜里，她打着灯笼出去观察，结果看见尾巴固定在洞穴内的蚯蚓正在用嘴把石子往洞里拖，靠的无疑是吮吸作用。“两个夜晚过后，有些洞口上面有 8 或 9 颗石子覆盖，有一个洞口上约有 30 颗石子，另一个洞口有 34 颗石子。”[①] 有一颗曾被拖拽着越过碎石道到洞口的石子的重量竟然有 2 盎司（ounce[②]）。这一点证明，蚯蚓的力气的确不小。有时，它们表现出更大的力气，居然可以移开踩得很结实的碎石道上的石子。我曾拿取相邻洞口的石子去填补碎石道上因石子被移走而出现的凹坑，石子与凹坑恰好相合。由此可以推断，碎石道上的石子的确是被蚯蚓移走的。

这种工作一般是在夜间完成的，但我也曾偶然看见有些物体在白天被拖拽进洞。目前还不能确定蚯蚓为什么用叶子等物封塞或把石子堆积在洞口。当蚯蚓从洞穴排出大量泥土时，它们是不这样做的，因为排出的粪便已足够遮掩洞口。园丁为了灭除草坪上的蚯蚓，首先必须刷掉或扫除洞口表面的蚯蚓粪便，以便石灰水能流入洞穴。[③] 根据这个事实似乎可推断，用叶子等物封塞洞口，是为了在大雨天防止雨水流入洞内。但是，几个松散的圆石子是防不住雨水的。我曾在

---

① 1868 年 3 月 28 日的《艺园者笔记》，324 页内记载有她的观察说明。

② 盎司，英文 ounce，是一种英制重量单位，也可以用来计量体积等单位。——译者注

③ 见伦敦《园艺杂志》（*Gard Mag.*）17 卷，216 页，在《英国博物馆虹蚓总目》（*Catalogue of the British Museum Worms*）（1865 年，327 页）中曾引用过。

碎石道垂直削平的草地上见过许多蚯蚓洞穴，雨水是很难流入这里的，这些洞穴还是像平地上的洞穴一样完好地被封塞住了。用小石封塞或堆积也不可能是为了隐蔽洞穴，以便躲避蜈蚣或者较大的步甲属（*Carabus*）及隐翅虫属（*Staphylinus*）动物的入侵，后两者对蚯蚓危害极大。根据霍夫迈斯特[①]的说法，蜈蚣是蚯蚓的死敌。这种情况之所以不可能，是因为这些动物都是夜行动物，而蚯蚓的洞穴在晚上是敞开的。或许，洞口被封塞，是为了保证蚯蚓在头部靠近洞口时的性命安全？我们知道蚯蚓习惯于把头靠近洞穴口，许多蚯蚓因此丢掉了性命。也许，由于晚间低空的空气因辐射变冷，封塞洞穴口是为了阻碍冷空气从周围的地面和牧草直接入侵洞穴？我倾向于最后一种解释：第一，在放置火炉的房间，把蚯蚓养在花盆里，此时的冷空气无法进入洞穴，它们对洞口的封塞就不那么积极了；第二，它们常常用叶子来铺垫洞穴的上部，这显然是为了防止其身体与冷湿的泥土紧密接触。帕菲特（E. Parfitt）先生曾向我提示说，封塞洞口，可以使洞内的空气保持充分的潮湿。这种说法看来是对这一习性的最佳解释。但是，封塞洞口也许是为了达到如上所述的一切目的。

不管动机是什么，看来蚯蚓总是很不愿意让其洞口敞开着。可是，一到晚上它们又会把洞口敞开，不管以后是否还能封塞上。在新近挖掘过的地面，可以看见很多敞开的洞穴口——在这种情况下，蚯蚓并不是把粪便堆积在其洞穴口，而是把粪便都排在地上的坑洞或旧洞穴里，在那里找不到足以保护其洞穴口的物体。最近在萨里郡的阿宾杰（Abinger）发掘出土的罗马别墅的人行道上，发现那里的蚯蚓在洞口因践踏而被封塞时，会在夜间把洞口再次打开，而且几乎夜夜如此，尽管在那里确实很难找到几个小石子来保护洞穴口。

---

① 《蚯蚓科》，19 页。

蚯蚓在封塞洞口方面所表现的智能

如果有一个人不得不用叶子、叶柄或枝条来封塞一个小圆筒形的洞口，他会通过尖端把它们拖拽进去或推进去。如果这些物体比洞口要小得多，他就可能通过较粗或较宽的一端把它们塞进去。他之所以这样做，当然是因为有智能在指导着。所以，蚯蚓到底如何拖拽叶子入洞，值得细心观察，看它们衔着叶子的尖端、基部还是中部。碰到非本地原生植物时，尤其值得做这种观察。对蚯蚓来说，拖拽叶子入洞的习性无疑是一种本能，但是如果碰到连其祖先都一无所知的叶子时，仅仅通过本能，蚯蚓是无法知道如何去摆弄这种叶子的。再者，如果蚯蚓单是通过本能或固定不变的遗传冲动来行事的话，它们应当用同样的方式去拖拽各种各样的叶子进入洞穴。如果它们没有这种明确的本能，那么我们可以预料，究竟它咬衔的是叶尖、叶基或叶的中部，就只是偶然事件了。如果既非出于本能，又非出于偶然，那就只能是靠智能了。除非在每种情形下，蚯蚓都是先尝试多种不同的方法，然后采用一种确有可能的或最容易的方法。但是，这种行为方式和尝试不同方法本身，已经与智能相差无几了。

首先，我从几处地方的蚯蚓洞穴中采集出 227 片各种植物的枯萎叶子，其中大部分属于英国本土植物。通过观察，其中有 181 片叶子是经由叶尖或靠近叶尖之处被拖拽入洞穴的。此时，叶柄几乎笔直地由洞口往外突出；有 20 片叶子是经由叶基被拖拽入的，叶尖从洞穴向外突出；有 26 片叶子是靠近中部被拖拽入的，因此，这些叶片是横着被拖拽的，被弄得非常折皱。因此，按常规做法，采用最接近的整数百分比来表示的话，80% 的叶子在叶尖被拖拽，9% 的叶子在叶基或叶柄被拖拽，11% 的叶子是横着拖拽或通过中部拖拽。这足以说明，叶子被拖拽入洞穴的方式并非取决于偶然性。

在上述 227 片叶子中，有 70 片叶子是普通椴树的落叶，可以肯定地说，这种树不是英国的原生植物。这种叶子的前端十分尖锐，基部很宽，叶柄很发达，半凋萎时，它们变得薄而十分柔韧。在这 70 片叶子中，有 79% 是在叶尖或靠近叶尖被拖拽入洞穴的，4% 是在叶基或靠近叶基部，17% 是横着或在中部。就叶尖而言，这些百分比与前文所述十分相近。但是，相比之下，从叶子基部被拖拽入洞穴的百分比则小些，这可能是由于叶基较宽的缘故。虽然可以推测，作为方便下口的叶柄会吸引蚯蚓去叼衔拖拽，但是我们在此看到，叶柄在决定椴树叶子被拖拽入洞穴的方式上，有些许或干脆没有影响。至于或多或少被横着拖拽入洞穴的叶子也占相当大的百分比，达到 17%。毫无疑问，这是因为半腐叶的柔韧性。由中部被拖拽入洞穴的叶子是如此之多，而由叶基拖拽入洞穴的则寥寥无几。从这个事实可以看出，蚯蚓大概起初不会单用这两种方式中的任一种或兼用这两种方式把多数叶子拖拽入洞，也不会是后来才衔着叶尖拖拽入 79% 的叶子。因为很明显，衔着叶基或叶中部拖拽入洞未必会失败。

后来，我对外来植物的叶子进行了深入研究。这类叶子的叶身朝向叶尖的这一端并不比朝向叶基的这一端更尖锐。就欧洲产高山植物金雀花（*Cytisus alpinus*）与毒豆属（*laburnum*）之杂交种金链花而言，情况确是这样。因为把叶子首尾两部分对折起来，一般都能准确地吻合。如果有些差别的话，那就是靠近叶茎的那一半要稍微窄一些。因此可以设想，在这些叶子当中，从叶尖和叶基被拖拽进去的数目应该差不多相等，或者选取叶基的情况会稍多一些。可是，在取自被拖拽入蚯蚓洞穴的 73 片叶子中，衔着叶尖被拖拽入洞穴的却占 63%，衔叶基者占 27%，被横向拖拽的只占 10%。从这里可以看出，衔着叶基拖拽入的比率为 27%，要比椴树叶情况下的比率大得多，后者的叶基很宽，衔着叶基被拖拽入的比率只有 4%。关于金链花叶子未从基部被拖拽的比率较高的事实，我们也许可以这样来解释，蚯蚓已习惯于从叶尖拖拽，因而避免从叶柄部分拖拽。因为在许多种叶子中，叶片的基部边缘与叶柄形成的角度很大，如果从叶子基部拖拽，则基部边缘就会立刻与洞穴四周的土相接触，使得叶子的拖拽变得十分困难。

只要叶柄部分能为蚯蚓提供最有效的拖拽入洞的条件，那么它们便可以破除回避叶柄的习惯。杜鹃花杂交品种的叶子没有尖端，在形状上变化很大。有的在叶基处最窄，有的则在叶尖处最窄。这些叶子落地变干后，中部两侧的叶面会卷起来，有时沿着叶子整条主脉卷起，有时主要在叶的基部卷起，有时向着叶尖卷起。在我的花园里，一个泥炭花圃里的 28 片落叶中，至少有 23 片叶子，其叶基部分的宽度比叶尖部分要窄。叶基的变窄主要由于边缘的卷曲。在另一个花圃里，生长着不同品种的杜鹃花，其中 36 片落叶中，只有 17 片叶子其叶基部分的宽度比叶尖要窄。我儿子威廉（William）最先引起我对此的关注。他在自己的花园里拾起的 239 片生长于天然土壤的杜鹃花落叶，其中有 65% 的叶子如果通过叶基或叶柄拖拽会比通过叶尖拖拽要容易得多。这种情况的部分原因是叶子的形状，与叶子边缘卷起的关系不大：27% 的叶片被拖拽时，通过叶尖拖拽比叶基容易；8% 的叶片通过不同部位都容易拖拽入洞穴。如果要判断落叶的形状，应当在叶子被拖拽入洞穴前进行。叶子被拖拽入洞穴后，不管是叶基还是叶尖，未被拖拽入洞穴的一端肯定会比埋入潮湿土中的一端干枯得快，同时暴露在外的一端的边缘也会比叶子最初被蚯蚓咬衔拖拽时更加向内侧弯曲。我儿子在不太深的蚯蚓洞穴中，曾发现 91 片叶子被蚯蚓拖拽入洞穴，其中 66% 是通过叶基或叶柄拖拽，34% 通过叶尖拖拽。在这个情形中，如何才能最稳妥地把这种外来植物的萎蔫叶子拖拽进入洞穴，蚯蚓的判断非常正确。尽管这样做，让它们不得不放弃避开叶柄的老习惯。

在我的花园里的碎石路上，经常有奥地利松（*P. austriaca*）、欧洲黑松（*P. nigricans*）和欧洲赤松（*P. sylvestris*）三种松树的许多叶子被蚯蚓整齐地拖拽入洞穴内。这些叶子由两根针叶组成，前两种松树的针叶较长，第三种松树的针叶较短，都连结在一个共同的叶基上。这些叶子几乎总是通过叶基被蚯蚓咬衔拖拽进入洞穴内。对于自然环境里的蚯蚓来说，我只看见两三次例外。这些尖锐的针叶有小的分叉，而且几根叶子被拖拽入同一个洞穴内，所以每一丛针叶各自形成一个完好的拒马式结构（chevaux de frise）。有两次，在晚上我把许多这类叶丛从洞内拖拽了出来，但第二天早晨发现，又有新鲜的叶子被蚯蚓拖拽入洞穴，洞穴因此得到很好的保护。如果蚯蚓不咬衔叶基，这些叶子是无法被拖拽入洞穴深处的，因为一条蚯蚓无法同时咬衔住两根针叶。如果单咬衔一根针叶的尖端，另一根针叶就会被洞口卡住，从而使已经咬衔住的另一根针叶无法入洞。在上面所描述的两三个例外中，这一点表现得很清楚。所以，为了完成任务，蚯蚓必须通过两根针叶相连结的叶基把松叶拖拽进洞内。但是，在整个过程中，蚯蚓是如何被引导的？这一点很令人费解。

为了解决这个难题，我和我儿子弗朗西斯在几个晚上，借助于弱光，趁着上述松针被拖拽入洞穴时，观察了花盆里蚯蚓的活动。它们身体的前端在松针周围移动着，有几次当它们接触到针叶尖端时，便立即向后退缩，好像被刺痛了似的。但是我怀疑它们是否真的被刺痛了，因为它们对很尖锐的物体是满不在乎的，甚至还能吞食蔷薇刺和小玻璃碎片。还有一个疑点，针叶的尖端到底能否使蚯蚓得知这一端是衔不得的。因为有许多针叶尖端已被截去约 1 英寸长，而其中有 57 根被截尖的叶子是从叶基被拖拽入洞的，没有一根被截尖的叶子是从截端被拖拽入洞穴的。花盆中的蚯蚓经常在靠近针叶中部咬衔叶子并把它们拖拽入洞穴口，并且有一条蚯蚓曾无意识地尝试着先把针叶弄弯曲后再拖拽入洞内。有时，上面提过的椴树叶子被蚯蚓搜集堆放在洞口的，远远多于能拖拽入洞的叶子。不过，在某些情况下，蚯蚓的行为于此迥然不同。一旦触及针叶基部，它们就衔住它，有时则完全卷进口里，要不然就衔住十分靠近基部的地方迅速拖拽针叶或者急拉入洞。我和弗朗西斯都觉得，当蚯蚓咬衔针叶的方式正确时，它们似乎能立刻意识到这一点。这种情形，我们观察过 9 次。有一次蚯蚓未能把一根针叶拖拽入洞里，因为针叶被附近其他叶子缠住了。还有一次，一根松针叶几乎直竖着，其叶尖，部分地插在洞内，但如何插进去的则未观察到。后来蚯蚓竟翘起自己的身体，咬衔住叶基，先把整根叶子弯成弓形，然后才把叶子拖拽入洞口。另有两次，当蚯蚓咬衔住一根松针叶的基部之后，不知出于什么原因，又放弃了。

如前所述，用不同物体封塞洞口无疑是蚯蚓的一种本能。出生在我的花盆中的一条小蚯蚓，曾拖拽一根苏格兰冷杉叶子行进了一小段距离，这根针叶与它的身体等长，也几乎一般粗。在英国，没有本土生长的松树种类，所以不能认为，英国的蚯蚓运用适当方式拖拽松针叶入洞，是出于本能。但是，用于上述观察的蚯蚓均是从某些松树下面或靠近松树的地方挖掘而得到的，这种松树在该处已生长约 40 年。我们希望这个事实能够证实：蚯蚓的这种行为实非本能。当松针叶撒布在远离松树的地面上时，其中有 90 根被蚯蚓咬衔着叶基拖拽入洞穴内，只有两根是通过咬衔叶尖被拖拽入的。这并非纯属例外，因为其中一根针叶是在很短的距离内被拖拽入的，另一根的两个针叶是联结在一起的。在温室内，将其他一些松叶放在花盆中饲养的蚯蚓附近，观察到的结果便不一样。在 42 根被拖拽入洞穴的叶子中，不少于 16 根是由叶尖拖拽入的。不过此种情形下，蚯蚓在做这项工作时，显得有些漫不经心。因为针叶常常只被浅浅地拖拽进洞穴一点，有时针叶只是被堆积在洞口上面，有时则连一根也没拖拽进去。我认为，它们之所以如此消极，原因可能是空气温暖或潮湿，因为花盆是用玻璃板盖住的，结果蚯蚓便不重视封塞洞口的质量了。后来我把一张通风的网覆盖在养有蚯蚓的花盆上，并一连几晚把花盆放到户外，结果 72 根针叶都妥当地经由叶基被拖拽入洞穴内。

根据上述事实，也许可以推断，关于松针叶的形状与结构，蚯蚓以某种方式获得了一般概念，并且理解到，对它们来说有必要去咬衔住两根针叶连在一起的叶基。但是下述情况又使这一推断大打折扣。我曾把大量奥地利松针叶的尖端用溶于酒精的紫胶黏结起来，并把它们搁置几天，直到我认为全部气味或味道消失为止。然后把这些针叶撒布在无松树生长的地面上，并使之靠近封塞物已被撤去的蚯蚓洞口。像这样的叶子，无论通过咬衔哪一部分，应当同样容易被拖拽入洞穴。而且根据类似情况，尤其是即将提到的绣球藤（*Clematis montana*）叶柄的情况，我想蚯蚓会倾向于叶尖这一端。可是，结果却表明，在 121 根被拖拽入洞、尖端被粘的针叶当中，有 108 根都经由叶基，只有 13 根经由叶尖被拖拽入洞穴。考虑到蚯蚓可能察觉到并且不喜欢紫胶的气味或味道（尽管这一点是非常不可能的，特别是这些叶子又曾被搁置户外达好几夜之久），我又用细线把许多叶子的尖端缠扎起来。在经过这种处理的叶子当中，有 150 根被拖拽入洞，其中 123 根经由基部，27 根经由缠扎过的尖端被拖拽入洞穴，前者为后者的 4 ～ 5 倍。与尖端被黏结的针叶相比，被剪短的缠扎线头可能诱使蚯蚓更倾向于通过尖端去拖拽被缠扎的松针叶。我又把叶尖经过缠扎与黏结的 271 根松针叶混在一起，进行试验观察。结果发现，经由叶基拖拽入洞穴的占 85%，经由叶尖的只占 15% 。所以我们可以推论，导致自然状态下的蚯蚓几乎总是经由叶基拖拽松针叶入洞的原因并不在于两根针叶的差异，也不可能是由于针叶尖端的尖锐性。因为，正如我们已经目睹的，尖端被剪去的许多针叶照样经由叶基被拖拽进洞穴。由此我们似乎可得出结论，对针叶来说，其基部一定有某种吸引蚯蚓的东西存在，尽管有少数其他普通叶子也是经由叶基或叶柄被拖拽入洞穴的。

叶　柄

现在我们转到小叶脱落后的复式叶片的叶柄上来。生长在游廊内的绣球藤掉下来的叶柄，在一月初就被大量拖拽进邻接的砾石小路、草坪和花坛的洞穴内。这些叶柄的长度为 2.5 ～ 4.5 英寸不等，坚硬、几乎一样粗，在靠近基部的部位突然变粗，比任何其他部位约大一倍，顶端稍尖，但很快枯萎，容易折断。在这些叶柄当中，有314根是从上述地点的洞中拉出来的。观察发现，76%的叶柄经由尖端被拖拽，24%经由叶基。由此可见，经由尖端拖拽入洞穴的叶柄是经由叶基的3倍多一点。从踩踏结实的砾石小路拔出来的叶柄与其他叶柄被分开放置，在59根这种叶柄中，经由尖端拖拽入洞穴的比经由叶基者几乎多出4倍，但从草坪和花坛拉出来的叶柄，因为这些地方的土易于下陷，封塞洞口时无须很小心，所以经由尖端拖拽入洞穴的叶柄130根与经由叶基拖拽入的叶柄48根之比还不到3∶1。拖拽这些叶柄入洞，其目的在于封塞洞口，而不是为了食用，这一点是很明显的。因为据我所见，没有一端曾被咬衔过。蚯蚓用几根叶柄封塞同一洞口时，有时多达10根，有时竟多达15根。最初也许为了节省劳力，蚯蚓只咬衔住较粗的一端拖拽过几根。但后来，为了使洞口封塞得更加牢固，就转经由尖端拖拽绝大多数的叶柄。

后来我又观察了当地的白蜡树掉下来的叶柄。对多数物体来说，照例，大部分叶柄经由较尖的一端被拖拽入洞，但这次观察的结果却有所不同，这种情况一开始使我很吃惊。这些叶柄长短不一，在5～8.5英寸之间，朝向基部的叶柄逐渐变粗、多肉质，朝向顶端的叶柄则逐渐变细，在顶端原来着生小叶之处稍大并呈截形。在生长于草地上的梣树下面，曾在一月初从蚯蚓洞内拉出229根叶柄，其中有51.5%是经由叶基拖拽入的，48.5%则经由叶尖。只要检查一下这些叶柄较粗的基部，就很容易解释这种反常现象。因为在103根叶柄中，有78根的基部曾被蚯蚓咬食过，而且正好在马蹄形节的上边。在大多数情况下，说它被咬食过是不会有错的，因为把未咬食过的叶柄放置在恶劣天气里8个星期之后再加以检查，也未发现其基部附近比其他部位变得更为破碎或腐败。所以很明显，拖拽入叶柄的粗大基部并非单纯为了封塞洞口，也可以当作食物。甚至少数叶柄的狭窄截形顶端也曾被咬食。为此，我又检查了37根叶柄，其中有6根出现了这种情况。拖拽入叶柄并把基部咬食过之后，蚯蚓常常把咬食过的叶柄推出洞口，接着又拖拽入新的叶柄，或经由基部拖拽入洞穴当作食物，或经由顶端拖拽入洞穴以便更有效地封塞洞口。这样，在37根经由顶端被插入洞穴的叶柄中，有5根是以前曾被经由基部拖拽过的，因为这部分已被咬食过。有一次，我在某些已被封塞的洞口附近的地上，搜集了一把松散地摆在地上的叶柄，那里还有些显然尚未被蚯蚓动过的其他叶柄，厚厚地铺盖着地面，在47根叶柄中有14根，接近$\frac{1}{3}$，其基部被咬食过后又被推出洞外，散置在地面上。根据这几个事实，我们可以得出结论，经由基部被蚯蚓拖拽入洞穴的白蜡树叶柄是当食物用的，而经由顶端倾斜拖拽入洞穴的则用来更有效地封塞洞口。

刺槐（*Robinia pseudo-acacia*）的叶柄长短不一，有的4英寸或5英寸，有的接近12英寸。在柔软部分腐烂之前，靠近基部的部分较粗，朝顶端方向则逐渐变细。这种叶柄很容易弯曲，我曾目睹过一些叶柄被蚯蚓折弯，之后被拖拽入其洞穴中。可惜的是，直到2月份我才得以检查这些叶柄。此时，柔软部分已完全腐烂，所以不能确定蚯蚓是否咬食过基部，不过咬食是有可能的。2月初从洞穴内抽取出的121根叶柄中，有68根的基部和53根的顶端被插在洞内。2月5日，所有曾被拖拽入刺槐树下蚯蚓洞穴内的叶柄都被拉了出来。11天后，其中的35根叶柄再度被拖拽进洞穴，19根经由基部，16根经由顶端。把这两组不同时间抽取的叶柄加在一起计算，56%经由基部拖拽入洞穴，44%经由顶端。因为所有柔软部分早就腐烂掉，所以我们可以确认，经由顶端拖拽入洞穴的，没有一根是拖拽进去当作食物的。可见，在这个季节里，蚯蚓拖拽这些叶柄入洞是不大在乎咬衔哪一端的，但多少有点偏爱基部的倾向。这种情形可以这样解释，用像叶柄上端那样极其细小的东西来封塞洞口是比较困难的。还有一个事例可以证明这种解释的合理性，在16根经由顶端被拖拽入洞穴的叶柄中，有7根较细小的尖端部分早已由于某种意外被折断了。

纸做的三角形

用软硬适度的写字纸剪成若干个长三角形，再用生油脂涂擦正反两面，目的是防止其在夜晚的雨露下变得过软。所有三角形的两边均长 3 英寸，其中 120 个底边长 1 英寸，183 个底边长 0.5 英寸，后者更为窄而尖。[①] 为了和当前所进行的一些观察对照，我做了一些类似的三角形，将其打湿之后，在不同的点上，使三角形的边形成不同的倾斜度，然后用一把极窄的钳子夹住，拖拽入直接与蚯蚓洞相同的短管中。如果夹顶端，三角形会笔直地被拖拽入管中，边缘向里卷曲。如果夹在离顶端不远处，例如 0.5 英寸处，这个三角形在管内就会对折起来。对底边和底角来说也是这样。不过在这种情况下，正如所预计的那样，三角形对拖拽起到很大的阻力。如果夹在中间点附近，三角形就会折叠起来，顶端及基部伸出管外。因为这些三角形的两边都是 3 英寸长，所以用不同方式被蚯蚓拖拽入管或洞穴的结果，可以很方便地分为三类：夹着顶端或离顶端 1 英寸以内的点被拖拽进的；夹着底边或离底边 1 英寸以内的点被拖拽进的；夹住中部 1 英寸之内的任何点被拖拽进的。

为了观察蚯蚓到底如何咬衔这些三角形纸片，我曾把一些潮湿的三角形投给花盆内饲养的蚯蚓。对窄与宽的三角形纸片来说，有三种不同咬衔方法：咬衔边缘；咬衔其中的一个角，这个角往往完全吞入其口内；最后一种就是对平面的任何部分进行吸吮。在两边均为 3 英寸的三角形上，如果每隔 1 英寸便画一根与底边平行的线，就可以把这个三角形分成等高的三部分。现在如果让蚯蚓漫不经心或随机地咬衔任何部分，它们咬衔基部的机会肯定会比咬衔任何其他部分的机会要多得多。因为基部面积与顶部面积之比为 5∶1，所以用吮吸法拖拽

① 在这些窄三角形中顶角为 9°34′，底角均为 85°13′。在较宽的三角形中，顶角为 19°10′，底角为 80°25′。

前者入洞的机会与后者之比也一定是 5∶1。又因为三角形基部有两个角，而顶部只有一个。所以，与顶部相比，不管三角形的大小如何，基部被吮吸入蚯蚓口中的机会也一定是后者的两倍。但是，应该指出的是，蚯蚓并不经常咬衔顶角，却倾向于咬衔两边离顶端不太远的边缘。我之所以得出这个判断，是因为在三角形经由顶端被拖拽入洞的 46 例中，发现有 40 例在洞内时顶端已对折，长度在 0.05 英寸到 1 英寸之间。最后，关于基部与顶部的边缘之比，宽三角形为 3∶2，窄三角形为 2.5∶2。从以上几种情形来看，假定蚯蚓只是靠触碰的机会去咬衔三角形，人们一定会料想到，经由基部拖拽入洞穴的比例一定比经由顶部者要大得多。但是，下面我们将看到，结果恰恰相反。

我接连几个夜晚在许多地方，把上述大小不一的三角形，撒布在靠近蚯蚓洞的地面上，并清除掉封塞洞穴的叶子、叶柄及小枝条等。被蚯蚓拖拽入洞穴的三角形共有 303 个，其中有 12 个两端在拖拽时被咬衔过，但因未能断定它们最初咬衔的是哪一端，所以就把这 12 个排除掉了。在 303 个三角形中，如果将咬衔 1 英寸长的顶部定义为咬衔顶端，那么被蚯蚓咬衔顶端拖拽入洞穴的三角形占 62%，咬衔中部者占 15%，咬衔基部者占 23%。如果蚯蚓拖拽入三角形时，并忽略不计咬衔哪一点的话，则咬衔顶部、中部及基部的比例应当是各为 33.3%。但是，如上所述，我们满以为咬衔基部的概率远远大于咬衔任何其他部位。事实却是，咬衔顶部的三角形几乎是咬衔基部的 3 倍。就宽三角形而言，咬衔顶部拖拽入洞的占 59%，中部占 25%，基部占 16%。对窄三角形而言，顶部占 65%，中部占 14%，基部占 21%。可见咬衔顶部拖拽是咬衔基部拖拽的 3 倍还多。所以我们可以得出结论，蚯蚓拖拽三角形入洞的方式并不是触碰机会的问题。

有 8 次两个三角形被拖拽入同一洞穴，其中有 7 次，都是其中一个三角形从顶部被拖拽入，另一个从基部被拖拽入。这就再次表明，拖拽结果不是由触碰机会决定的。有时，蚯蚓似乎在拖拽三角形这件事上颇费心思，因为在所有三角形中，有 5 个被沿着洞穴内部卷成了不规则的螺旋形状。饲养于温室内的蚯蚓曾拖拽过63个三角形入洞穴，但如同对待松叶那样，它们以漫不经心的态度进行工作，因为只有44%的松叶是经由顶部拖拽入的，22%经由中部，33%经由基部。其中有5次，两个三角形被拖拽进了同一洞穴。

我们可以很有把握地推测，经由顶部被拖拽入洞穴的三角形之所以有那么高的比例，并非由于蚯蚓事先已选定这一端，把它当作最便于拖拽入的途径，而是因为它们曾经使用过其他方式去拖拽，结果都失败了。我们是因为曾看见花盆里的蚯蚓把三角形拖拽来拖拽去，之后，又把它们丢弃了，才产生了这种想法。不过，它们当时的工作态度看起来漫不经心。最初，我并没有领悟到这个问题的重要性，只是注意到那些经由顶部被拖拽入洞的三角形的底边往往都是干净和平整的。后来，我才认真考虑了这个问题。首先，把几个经由底角、底边或底边上不远处被拖拽入洞并被弄得又皱又脏的三角形放在水中浸泡几小时。在浸泡期间，用力抖动，但是污迹及皱折并未因此而消失。甚至把湿三角形在我的手指间来回拖拉好几次，也只能消除轻微的皱折。因为黏液出自蚯蚓体内，所以三角形的污迹是不易洗掉的。所以我们不妨下结论，如果一个三角形，在未经由顶部拖拽之前，就经由基部被拖拽入洞，甚至多少使了点劲儿，那么其基部的皱折和污迹便会长期保持下去。我曾观察过经由顶部被拖拽的89个三角形，其中65个窄的，24个宽的，只有7个的底部被弄得很皱也很脏。其余82个未经弄皱的三角形中，有14个在基部有污迹。这个现象并非由于蚯蚓最初咬衔住基部拖拽入洞而造成，而是因为蚯蚓有时用黏液覆盖三角形的大部分。当蚯蚓咬衔住顶部拖拽，经过地面时，三角形的基部就会被弄脏。碰到下雨时，三角形的整面或两面往往都会弄脏。如果蚯蚓咬衔三角形的基部拖拽入洞口的频度与咬衔顶部相同，而且未经拖拽入洞的试验，它们就已经领会到，为了将三角形拖拽入洞，咬衔较宽的基部并不理想。这种情形下，大部分三角形的底端可能已被弄脏了。因此，我们可以推断（尽管这种推断难以置信），蚯蚓能够凭借某种方法去判断，咬衔哪一端才最有利于拖拽纸做的三角形入洞。

我对蚯蚓拖拽各种物体入洞的方式进行了上述观察，将结果以百分比表示概括于表 1–1 中。

表 1–1　蚯蚓拖拽物体入洞的方式比较

物体性质	经由顶端或顶端附近被拖拽入的	经由中部或中部附近被拖拽入的	经由基部或基部附近被拖拽入的
各种叶子	80	11	9
椴树叶，叶片基部边缘宽，叶顶尖锐	79	17	4
金链花叶，叶片基部与叶尖一样窄，有时基部略窄	63	10	27
杜鹃花叶，叶片基部常比叶尖窄	34	—	66
松树叶，由出自同一基部的两根针叶组成	—	—	100
铁线莲（绣球藤）叶柄，顶端稍尖，基部钝	76	—	24
白蜡树叶柄，粗的基部常被拖拽入当作食物	48.5	—	51.5
刺槐叶柄，极细，尤其是靠近顶端处，故不适用于封塞洞口	44	—	56
大小两种纸三角形	62	15	23
仅有宽三角形	59	25	16
仅有窄三角形	65	14	21

如果认真考虑一下这几种情况，那么我们就会得出这样的结论：在封塞洞口的方式上，蚯蚓显示了某种程度的智能。从我们大致能够了解的原因看来，蚯蚓攫取每种特定物体所采用的方式太过一致了，不可能把上述结果单纯看作是机会使然。蚯蚓拖拽每一物体时，并不都是从尖端开始的，其原因是经由较宽和较粗的一端来塞入可以节约

体力。蚯蚓封塞洞口的行为无疑是一种本能。可以料定，在每个特定情况下，蚯蚓如何采取最适宜的行动，都是受着本能的指挥，与智能无关。我们知道，判断是否有智能在起作用是多么的困难，即使是植物，有时也可以认为有智能在支配着。例如，移动过位置的叶子能通过极其复杂的运动且在极短的时间内，重新使其上面对着光。就动物而言，某些似乎起因于智能的动作，也许没有什么智能在起作用，只是按照遗传下来的习性行事罢了。不过这种习性的始源还是智能。或者这种动作是通过其他某种习性的有益变异后，在基因中被保存与遗传下来。在这种情况下，这种新习性将在其发展的全过程中不靠智能而逐渐被习得。但就蚯蚓而言，说它们通过上述两种方法中的某一种方法习得了特殊的本能，对此我们不必有“未必尽然”的疑虑。但是，如果说本能的发生与物体有关，则不可信。例如，外国植物的叶子或叶柄，原本是蚯蚓之祖先所全然不知道的东西，蚯蚓却可以用上文所述的方法来攫取叶子。同时，它们的活动也不像最纯粹的本能那样固定不变或必然如此。

鉴于蚯蚓不是在每种情况下都受特定本能指挥，尽管它们具有封塞洞穴的一般本能；又鉴于它们攫取叶子的方式不是靠机会，我们最有可能得出的另一结论看来应该是：它们首先试用许多不同的方法来拖拽物体，最后在某一方法上取得了成功。但令人惊叹的是，像蚯蚓这样低等的动物居然具有如此这般的行为能力，许多高等动物都没有这种能力。比如蚂蚁，我们可以看到，本来竖直拖拽便很易拖动的物体，它们却试着横向拖拽，浪费了不少力气。不过，经过一段时间之后，它们一般还是会以一种较聪明的方式进行工作的。法布尔（Fabre）曾说过，与蚂蚁同属天赋较高的一种昆虫飞蝗泥蜂（Sphex），习惯于把已经麻痹的蚱蜢贮藏于巢穴内。它们总是咬衔住蚱蜢的触角将其拖拽入洞内。当触角在靠近头部之处被截断，飞蝗泥蜂就咬衔它的触须；但当触须也被截断，它就表现出失望的神情，放弃这次拖拽行动。这一现象表明，飞蝗泥蜂没有足够的智能去继续咬衔住蚱蜢6条腿中的一条或其产卵器。[①] 正如法布尔所说，拖拽这些部位，它同样能够成功。飞蝗泥蜂还有一种与此类似的行为。假如一个身上附有一个卵且被麻痹的猎物已被取出了蜂巢，尽管飞蝗泥蜂发现蜂巢空空如也，它仍然会用通常的复杂方法把蜂巢封起来。一只企图逃出屋子的蜜蜂，会在窗户上连续嗡嗡叫上几个小时，尽管窗户的半边早就开着。甚至有一尾狗鱼，接连3个月不断地对着养鱼缸的玻璃壁横冲直撞，企图逮住侧壁对面的骏鱼，但却徒劳无功。[②] 莱亚德（Layard）先生曾看见一条眼镜蛇，发现它的做法比狗鱼和飞蝗泥蜂都要聪明得多。它在吞下一只躺在洞内的蟾蜍却不能把自己的头从洞内退出来时，会将蟾蜍吐出来，待它开始爬开，再一次把它吞下，之后再一次把它吐出来。在这一吞一吐之间，眼镜蛇终于从经验中领悟到一种方法，咬衔住蟾蜍的一条腿，把它拖出了洞。[③] 高等动物的本能往往也驱使它们去做些无意义或无目的的活动：织鸟总是不断沿着鸟笼里的横木缠线，仿佛在做巢；松鼠爱在木地板上拍打坚果，仿佛已把坚果埋进地里；海狸经常咬断一块木头，并拖拽着它们到处跑，尽管没有水需要它去堵塞。还有许多其他类似的情况。

专门研究动物心理的罗马尼斯（Romanes）先生认为，只要看到动物个体从自己的经验中获益时，我们就可以有把握地推论，动物是有智力的。根据这种说法，眼镜蛇可以说具有一些智力，如果在第二次，它还是咬住蟾蜍的一条腿从洞内拖拽出来，其智力就表现得更为明显了。飞蝗泥蜂在这方面显然失败了。如果蚯蚓起初用一种方法试图拖拽物体进洞，然后又试用另一种方法，一直到它们成功为止。这样，它们至少在每个特定例子中凭经验而获益。

但是，已经有证据表明，蚯蚓并不习惯于试用多种不同方法去拖

① 见其有趣的著作《昆虫记》（*Souvenirs Entomologiques*），1879年，168—177页。

② 见默比乌斯（Mobius）著《动物的活动》（*Die Bewegungen der Thiere*）等，1873年，111页。

③ 见《博物学年刊与杂志》（*Annals and Mag. of N. History*）第2集，第9卷，1852年，333页。

拽物体入洞，因此半腐的椴树叶，因其柔软性，本来可以通过咬衔中部或基部拖拽入洞，尽管这样被拖拽入洞内的椴树叶也不少，但大部分还是被咬衔顶部或顶部附近拖拽进去的。拖拽绣球藤莲叶柄入洞时，不管咬衔基部或顶部，肯定都同样容易，但咬衔顶部拖拽入洞的数目却是咬衔基部的 3 倍，有时甚至是 5 倍。我们原以为叶子的叶柄作为方便的把手对蚯蚓会更有吸引力，但是除非叶片基部比顶部狭小，它们一般也是不咬衔叶基的。梣树的大量叶柄是咬衔基部被拖拽的，但这一部分可供蚯蚓食用。对于松叶，蚯蚓明显表现出它们至少不是靠碰机会去咬衔松叶的，但它们的选择似乎不取决于两根松叶的差别，也不是出于咬衔基部拖拽入洞的需要或好处。至于纸三角形的情况，那些咬衔顶部被拖拽入洞的三角形之基部，很少有被弄皱或弄脏的。这说明，蚯蚓并非经常事先试着咬衔底端去拖拽三角形。

在拖拽物体靠近其洞口之前或之后，如果蚯蚓能够判断如何拖拽才能使效果最佳的话，它们对物体的一般外形就必须心中有数才行。通过用其身体前端从多方面去接触物体，它们很可能了解物体的外形，因为蚯蚓身体前端可当感觉器官使用。我们很可能记得，一个生下来又聋又瞎的人，其触觉是非常灵敏的。蚯蚓也是这样。假如蚯蚓对物体及其洞穴的形状具有某种概念，即使是模糊的也好，我们就应该说，它们具有智力。因为在相似的条件下，它们的行为与人相差无几。

总之，既然决定物体被拖拽入洞的方式是偶然的，又不能认定蚯蚓在每个特殊情况下都具有一种特殊本能，那么，第一个最自然的假定就是，在最后成功之前，蚯蚓尝试了所有能够使用的方式。但是，有许多现象却与这个假定相悖。因此，剩下的唯一可能的推测就是，尽管蚯蚓的身体结构很简单，它却具有某种程度的智能。这种推测听起来不太可信。但我们所掌握的关于低等动物神经系统的知识，又不足以证明我们对蚯蚓智能的猜疑是有依据的。至于脑神经节体积小的问题，不应忘记，即使在工蚁的微小脑体里，也装着大量遗传下来的知识，以及通过某种手段达到某个目的的某种能力呢。

蚯蚓打洞的方法

蚯蚓打洞有两条途径，一是把土推向四周，二是吞土。用第一种方法时，蚯蚓将其伸长和变尖了的前端插入土的任何小缝隙或小洞内。然后，正如佩里埃所说的，其咽头被推向身体前端，前端因而膨胀起来，把土向四周推开，其前端就这样被当作楔子使用。[1] 我们在前文还提到过，蚯蚓的身体前端可以用来攫取、吸吮，而且又是触觉器官。第一次，我把 1 条蚯蚓放在疏松的腐殖土上，它只用 2 ～ 3 分钟就把自己埋藏起来了。第二次，4 条蚯蚓在 15 分钟之后就钻进花盆边缘和土的中间去了，这些土曾被轻轻压过。第三次把 3 条大蚯蚓和 1 条小蚯蚓放置在混有细沙并紧压过的疏松腐殖土上，经过 35 分钟，除了能看到 1 条蚯蚓的尾部，其余全都不见了。第四次把 6 条大蚯蚓放在混有沙子并紧压过的黏土质污泥上，过了 40 分钟，它们也不见了，只有 2 条蚯蚓尾巴的尖端尚露在外面。在这几次中，就我所能观察到的，蚯蚓没有吞食过任何泥土。它们一般都是紧靠着花盆的边缘钻入土内的。

我后来又把极细的沙子装到花盆里去，并紧紧压实，充分浇水，从而使沙子变得非常紧密。结果放在土表的一条大蚯蚓花了几个小时也未能钻进沙子里去，甚至经过了 25 小时 40 分钟，它才把自己全部埋藏起来。它能做到这一点完全靠它所吞食的沙子，其全身消失前，可清楚看到从肛门排出大量的沙便。在以后一整天，从洞穴内仍不断排出类似性质的粪便。

① 见《动物学实验丛刊》，第 3 卷，1874 年，405 页。

有些论文作者曾怀疑蚯蚓吞土是否单纯为了钻营自己的洞穴。为了回答这个问题，下面将补充一些例子。蚯蚓曾钻入一大堆厚23英寸的微红色细沙内，这堆沙留在地上几乎两年。它们的粪便成分分两部分，一部分是微红色细沙，一部分是来自沙堆底下的黑土。这种沙掘自相当深的地层，十分贫瘠，寸草不生，蚯蚓根本不会把这种沙当作食物来吞食。还有一个例子是，在我家附近的田地里，蚯蚓粪便的成分通常几乎是纯白垩土，这种土位于不太深的地表下面。如果说蚯蚓吞食这种白垩土是为了从贫瘠的上层草地渗入其中的微量有机质，同样也是不大可能的。最后一个例子是，有一堆蚯蚓粪便，它是通过瓷砖之间的混凝土与灰泥，被排泄到上面来的。瓷砖铺垫在现已成废墟的比尤利修道院（Beaulieu Abbey）的过道上，经过雨水淋洗，现在只剩下粗糙的物质。这类蚯蚓粪便中含有石英、云母、岩石、砖或铺砖的碎粒，其中有许多碎粒的直径在$\frac{1}{20}$～$\frac{1}{10}$英寸之间。谁也不会认为蚯蚓会把这些碎粒当作食物吞咽下去，但其粪便的大部分却由这种碎粒组成，它们重达19格令，粪便总重为33格令。不管什么时候，如果蚯蚓要在未经松动的结实的土地内钻出深达几英尺的洞穴来，就必须借助于吞食土壤的方法来开路。因为，当咽部在蚯蚓体内向前推进时，通过咽头的压力，蚯蚓就可以使土向周围各方散开，这是不可信的。

如果说蚯蚓为了摄取营养而吞下的土量大于为了打洞而吞下的土量，我是同意的。但是，因为这个老观念曾受到像克拉帕雷德这样的学术权威的质疑，所以支持这个观点的证据就必须交代得详细一点才是。再者，人们对于这样一种观念，也不要一开始便认为不正确。因为其他环节动物，例如沙蠋（*Arenicola marina*），也会把大量粪便排放在潮汐造成的沙滩上，它们就是靠着此种方法存活。除此之外，隶属于截然不同纲的动物，如软体动物的石磺（*Onchidium*）及许多棘皮动物，并不打洞，仅仅是习惯性地吞食大量沙子。[①]

如果蚯蚓只是在加深穴道或钻营新穴时才吞土，那么排泄粪便不过是偶然行为。但是，在许多地方，每日清晨都可看到新鲜的粪便，而且连续多日从同一洞穴排出的土量都很多。除非大旱或严寒，蚯蚓打洞是不会很深的。在我家的草地上，黑色的植物腐殖土或腐殖质的厚度约有 5 英寸，其上面却覆盖着浅色或淡红色的黏土，尽管排上来的粪便很多，却只有一小部分是浅色的。所以，如果说蚯蚓每天都需要在这薄薄的一层 5 英寸的黑色腐殖土里向四面八方打钻新穴，是不可能的，除非是为了从中吸取某种营养物质。靠近我家和唐恩家的田地里，有一层鲜红色的黏土，紧贴在地表下。在那里，我也曾看到非常相似的情况。还有一次，我在温切斯特（Winchester）附近的党豪思（Down House）某处，见到了覆盖着白垩的植物腐殖土，仅厚 3 ～ 4 英寸，蚯蚓在这里排出的粪便却黑如墨汁，遇到酸也不起泡。可见蚯蚓一定是固守在这一薄薄的腐殖土层里，每天大量吞食着腐殖土。在距离这里不太远处，蚯蚓粪便却是白色的。蚯蚓为什么不在其他地方，而在特定地方的白垩里打洞，对于这一点，我无法解释。

曾有两大堆叶子放在我家的地面上慢慢腐烂，把它们清走后，几个月的时间里，这块直径达几码的光秃秃地表，被一层厚厚的蚯蚓粪便所覆盖，形成了几乎连成片的土层。在这几个月中，栖息在那里的蚯蚓一定是靠黑土所含的营养物质来维持生活的。

另外还有一堆腐叶与一些土混在一起，我曾用高倍镜观察了一下最底层的土，发现其中含有大量形状各异、大小不同的孢子。这些孢子在蚯蚓的砂囊中被磨碎后，可能对蚯蚓的营养大有裨益。每当大量的粪便被排出，极少甚至没有叶子被拖拽入洞。例如，有一块沿着灌木篱笆的草坪，长约 200 码。我在秋天的几个星期内，每天都对它进行观察。结果每天早晨都可看见许多新鲜粪便，但却没有发现一片叶

① 我是根据森珀（Semper）的权威著作《菲律宾群岛漫游记》（*Reisen in Archipelder Philippinen*），第 2 卷，1877 年，30 页）说这些话的。

子被拖拽入这些洞穴。从其黑色及底土的性质来判断，这些粪便不可能是从 6 ～ 8 英寸以下的深处运上来的。在这几个星期的时间内，如果蚯蚓不靠黑土内的营养物质来生存，还能靠什么呢？与此相反，当大量叶子被拖拽入洞时，蚯蚓似乎主要靠这些叶子为生，因为这时排出到地表上的土质粪便极少。在不同情景下，蚯蚓具有的这些行为差异，也许可以用来解释克拉帕雷德的描述，即在蚯蚓肠道的不同部位常可见到被磨碎的叶子和土。

有时，蚯蚓大量出现在几乎找不到枯叶及鲜叶的地方。例如，在打扫得很干净的院落的人行道下面，这里仅是偶尔有落叶被吹过来。我的儿子霍勒斯（Horace）曾检查过一间房子，房子的一角已经下陷。他在这里的一间非常潮湿的地窖里，发现了许多小蚯蚓的粪便被排泄在地面的石头缝里。在这种环境中，蚯蚓是无从获取叶子的。霍纳（A. C. Horner）先生证实了这一发现，他在汤布里奇（Tonbridge）拥有一间旧房子，在那里的地窖里，他也看见了蚯蚓的粪便。

金博士在信中与我交流了某些事实，是我所了解到的最佳依据，证明蚯蚓能在相当长的时间内，单靠土中所含的有机物质来维持生活。在尼斯（Nice）附近，发现了许多大的蚯蚓粪堆，在 1 平方英尺空间里，有 5 ～ 6 堆是很平常的。这些粪堆由含碳酸钙的灰白色细土所组成。这些土经由蚯蚓体内被排出之后，变得干燥并紧密地凝结在一起。我有理由认为，这些粪堆是由环毛蚓（*Perichaeta*）制造的。这种蚯蚓来自东方，并在当地得到驯化。[①] 这些粪堆像塔一样矗立着，塔顶常比塔基稍宽，有时高达 3 英寸以上，一般为 2.5 英寸。在经过

① 金博士给了我一些在尼斯附近采来的蚯蚓。他认为，这些蚯蚓建造了这些粪堆。我曾把这些蚯蚓寄给佩里埃，他非常热情地替我检查了这些蚯蚓并给它们定了名。它们分别是：近缘环毛蚓（*Perichaeta affinis*），交趾支那和菲律宾的当地种；吕宋蚯蚓（*P. luzonica*），菲律宾吕宋的当地种；霍尔里第蚯蚓（*P. houlleti*），生活于加尔各答附近。佩里埃曾告诉我，环毛蚓已在蒙彼利埃（Montpellier）附近及阿尔及尔（Algiers）的花园里驯化。我没有理由怀疑，不属于尼斯当地种的蛇蚓建造了尼斯附近的塔形粪堆。这令我感到万分惊奇，因为我发现这些粪堆与从加尔各答附近寄给我的粪堆是多么相似，而我们知道，在加尔各答，环毛蚓是非常多的。

测量的粪堆中，最高者达 3.3 英寸，直径 1 英寸。在每个塔的中央，有一条圆筒形通向上方的小通道，蚯蚓沿着这条通道往上爬行，把吞下的土排泄在地表，从而使塔不断增高。由于这种结构，要把叶子从地面拖拽进洞穴是不容易的。观察入微的金博士从未见过哪怕是叶子的碎片曾被拖拽进去过，也未看到过蚯蚓沿着塔的外表面爬下来寻找叶子时留下来的痕迹。如果蚯蚓这样做过，由于当时塔的上部还比较松软，在这里肯定会留下痕迹。但是，并不能由此断定，在一年之中蚯蚓不建塔的某个季节，它们不会拖拽叶子入洞。

从上述几个例子可以看出，蚯蚓吞咽土不仅是为了钻洞，也是为了获得食物，这一点看来是毫无疑问的了。可是冯·亨森根据其对腐殖土的分析得出结论说，蚯蚓大概不能单靠普通的植物腐殖土来存活，不过他承认蚯蚓有可能从叶腐殖土获得一定限度的营养①。我们知道，蚯蚓喜食生肉、脂肪及死蚯蚓，而普通的腐殖土中都含有许多卵、幼虫、活的或死的小生物、隐花植物的芽苞以及小球菌，还有增加硝质的细菌。各种有机体，以及来自未完全腐败的各种叶子及根的一些纤维的存在，足可以解释蚯蚓为什么吞食大量腐殖土。为此，有一件事值得一提。那就是，有一种生长于热带湿地的狸藻属（*Utricularia*）植物，拥有结构美丽的囊状物，用于捕捉地下的微小动物。如果土壤中没有许多的微小动物，那么这些植物就不可能发育形成这样的囊状捕捉器。

蚯蚓钻入地下的深度及其洞穴的建造

虽然蚯蚓的住处通常都靠近地表，但在久旱与严寒时，它们挖掘的洞穴可以达到相当的深度。根据艾森（Eisen）在斯堪的纳维亚的观

① 见《科学杂志·动物学部分》，28 卷，1877 年，364 页。

察，以及卡内基（Lindsay Carnagie）在苏格兰的观察，蚯蚓挖掘的洞穴深达 7 ～ 8 英尺。在德国北部，据霍夫迈斯特说，蚯蚓的洞穴深度为 6 ～ 8 英尺；但冯·亨森说，是 3 ～ 6 英尺。冯·亨森还曾看见过蚯蚓被冻结在地表下面 1.5 英尺之处。我自己对此观察的机会较少，但我经常在 3 ～ 4 英尺深处见到蚯蚓。在一个花坛，里面的细沙上面覆盖着白垩，沙土从未被翻动过，在 55 英寸的深处，我发现了一条被截成两段的蚯蚓。12 月份，在唐恩村，我发现了另一条蚯蚓滞留在其洞穴底部，离地面有 61 英寸。最后，在靠近古罗马别墅，在已有几百年未被翻动过的土里，66 英寸深处，我又见到一条蚯蚓，这时是 8 月中旬。

蚯蚓洞穴或者垂直向下，或者更常见的，略微倾斜。据说它们有时有分叉，但据我所看到的，没有分叉，除非在新挖掘的土地里和靠近地面附近。一般说来，我向来认为如此，洞穴内由蚯蚓排泄出来的薄薄一层暗色细土做衬里，所以蚯蚓钻挖洞穴时，开始时的直径一定要比最终的直径大。在未被搅动过的沙地，在 4 英尺 6 英寸的深处，我曾看到过几个有这样衬里的洞穴。在新近挖掘的土地里，紧靠地表的其他洞穴也是这样做衬里的。在一些新近挖掘的洞穴壁上，常常点缀着排泄土的小球粒，这些小球粒依旧柔软而有黏性。看起来，这些小球粒是蚯蚓在洞穴内上下通行时撒布在周边的。这样形成的衬里接近干燥时，便变得十分结实和光滑，很适合蚯蚓的躯体。蚯蚓身体周围长出的一排排倒生小刚毛，有了牢固的支持点，使蚯蚓可以快速移动。在我看来，这种衬里还能加固洞壁并防止蚯蚓的躯体被擦伤。这样推断的理由是：有几个洞穴穿过一层厚达 1.5 英寸的煤渣，煤渣被筛过，铺撒在草皮上，这几个洞穴的衬里都异常的厚。从粪便可以判断，蚯蚓曾把煤渣向四周推开，并没有吞咽下任何煤渣。在另一个地方，具有类似衬里的洞穴穿过了一层厚 3.5 英寸的粗煤渣。从这里我们可以看出，蚯蚓的洞穴并不是简单的地道，简直可以与用混凝土做衬里的隧道媲美。

洞穴口还常常用叶子做衬里，这种本能与封塞洞口的本能不同，而且似乎从来没有人注意过这个问题。我把许多苏格兰冷杉或欧洲赤松的叶子放在饲养着蚯蚓的两个花盆里。几周后，我小心把土破开，结果看见三个倾斜洞穴的上部，分别被松叶铺衬着，铺衬的长度分别为 7、4、3.5 英寸，其中还夹杂有作为食物的其他叶子的碎片。蚯蚓还把落在土表的玻璃珠及砖屑嵌入松叶之间的空隙，并用排出的黏性粪便把空隙裱糊好。这样形成的洞穴结构粘结得非常结实，以致我竟然成功地移动了一个只黏附着少许泥土的洞穴。洞穴是一个稍为弯曲的圆筒形通道，通过周围及任一端的洞眼都可窥见洞穴内部。洞内全部针叶都是被咬衔着基部拖拽进去的，针叶的锐利尖端则被压进由排泄土构成的衬里中。如果不这样做，针叶尖端就会妨碍蚯蚓退入洞穴，这种构造与用聚合铁丝尖端组装起来的陷阱相似。这样的构造使得动物进去容易，出来困难。蚯蚓在此所表现出来的技巧值得关注，也令人赞叹不已，因为欧洲赤松不是这一地区的本地种。

检查过花盆内蚯蚓所挖掘的这些洞穴，我又观察了花坛中靠近几棵苏格兰松的洞穴。蚯蚓按常规方式用这种树的叶子封塞了所有的洞穴，叶子被拖拽入的深度为 1 ～ 1.5 英寸。其中有许多洞口也用这种叶子做衬里，并且还混有其他种类的叶子碎片，这些叶子被拖拽入的深度为 4 英寸或 5 英寸。上面已谈到过，蚯蚓经常长时间停留在洞口，这显然是为了取暖。用叶子做成形如篮子的结构，可使其躯体不至于紧贴冷而潮湿的泥土。蚯蚓习惯于栖息在松针叶上，这大概是由于松叶干净而且表面颇为光滑的缘故。

洞穴通入地下很深的地方，一般或至少可以说经常，在洞穴末端有一个小的扩大部分或小腔室。据霍夫迈斯特说，在这里，一条或几条蚯蚓卷成一团过冬。卡内基先生曾告诉我，他曾检查过苏格兰一个采石场上的许多洞穴，该处覆盖在石场上的泥砾及腐殖土刚被清除不久，因而只剩下直立的峭壁。有几次他发现同一个洞穴内，其内部在两三个上下相邻的部分有些扩大，这类洞穴的底部都有一个较大的小腔，位于离地表7英寸或8英尺处。在这些小腔室内，有锐利的小石片和亚麻种子的壳。其中一定还有活种子，因为卡内基先生在翌年春天曾看见有草本植物从互相交叉的小腔室内长出来。在萨里郡的阿宾杰，我曾发现两个洞穴的底部，据地表36英寸与41英寸的深处，有两个类似的小腔室，而且都以大小与芥子大约相仿的小石子做衬里或铺砌。在其中一个小腔室内还有一颗腐烂了的带壳燕麦粒。冯·亨森也说过，蚯蚓洞穴的底部以小石子做衬里，如果找不到小石子，就用种子，有多达15粒梨的种子曾被拖拽进一个洞穴，其中还有一颗种子发了芽。[①] 由此可以看出，一个探究深埋地下的种子到底能存活多久的植物学家，如果从相当深的地下采集泥土，并且假定其中只含有长期埋藏的种子时，他是多么容易被骗。蚯蚓很可能靠吞咽方式把石子及种子带离地表，因为盆养蚯蚓确实通过吞咽把数目惊人的玻璃珠、砖屑及玻璃碎屑带到洞下面去。但是其中有一些也有可能通过它们的嘴咬衔到下面去。至于为什么蚯蚓要用小石子及种子做其过冬洞穴的衬里，我所能做出的唯一猜测就是：这样可以使其紧卷着的身体不至于与周围的冷土紧密接触，而这种接触也许不利于其单靠皮肤进行的呼吸。

无论出于筑穴还是食用的目的，蚯蚓吞食泥土后不久，就要爬到地面上来排泄。排出来的泥土与肠分泌物充分混合，因而显黏性。干燥后，它就结成硬块。当蚯蚓排泄时，我曾守在一旁观察，发现当泥土处于连续流动状态时，就像小喷泉似的一滴一滴地喷出来；当流动性稍差时，泥土就以缓慢的蠕动方式排出，并且不是随机地向各方排泄，而是颇为小心地先向一边，再向另一边排泄，把尾部当作泥铲一样来使用。当蚯蚓到地表排土时，尾巴便伸出来；当它要搜集叶子时，头部也一定会伸出来。所以，蚯蚓必须具有在其紧密相贴的洞穴中转身的能力。我们认为，这不是一件容易做到的事情。小堆土刚一形

① 见《科学杂志·动物学部分》，第28卷，1877年，356页。

成，很明显，为了安全，蚯蚓避免伸出尾巴，泥土被早先堆积的软土挤堆到上面去。蚯蚓要在相当长的时间内，使用洞穴的出口堆积排出来的粪便。至于尼斯附近的塔状粪堆（见图2），以及后面要谈到并要附图表示的来自孟加拉的类似但更高的塔状粪堆，在建造上都显示出相当程度的技巧。金博士也观察到，这些粪塔上部的通道，极少有循着同一精确路线与下面洞穴相通的。因此，即使像草秆那样的细圆柱形物体也不能沿着塔顶下通到洞穴，通道在方向上的这种变化，可能起到一些保护作用。

蚯蚓并不经常把粪便排在地面上。当它们能找到任何凹下去的地方，就把粪便堆积在那里。当蚯蚓在新翻开的泥土中或堆叠起来的植物枝条中打洞时，它们就这样去排泄粪便。所以，位于地表的大石头下面的洼地往往会很快充满蚯蚓粪。据冯·亨森说，蚯蚓惯于利用老洞穴作此用途。但是，根据我的研究，情况并非如此，除非老洞穴靠近新翻地的表面。我想冯·亨森很可能被已经陷落或倒塌的铺衬有黑土的老洞穴壁给搞糊涂了。因为，那样一来，就留下黑色条纹，当这些条纹通过浅色土壤时，特别醒目，从而被误认为是填得很满的洞穴。

随着时间的推移，老洞穴是会坍塌的，这一点可以肯定。在下一章我们就将看到，蚯蚓所排出的细土，如果均匀铺开，在一年之中，在许多地方都将形成厚达0.2英寸的土层。这么大量的细土无论如何都不能堆积在废置不用的老洞穴内。如果老的洞穴不坍塌，整个地面首先会密密麻麻布满深达10英寸左右的窟窿，50年后将留下一个中空而无支撑、深达10英寸的空间。这就如同草木连续生成的根，经腐烂而留下的窟窿，经过若干时间之后，也会坍塌。

蚯蚓洞穴垂直或略为倾斜向地下延伸，如果该地的土质为黏土时，就很容易令人相信，当天气十分潮湿时，洞穴壁就会慢慢向内流动或滑落。然而，当洞壁土是沙质或夹杂有许多小石子时，就不会那么黏稠。但是，即使是这样的洞壁土，在最潮湿的天气，也不至于向

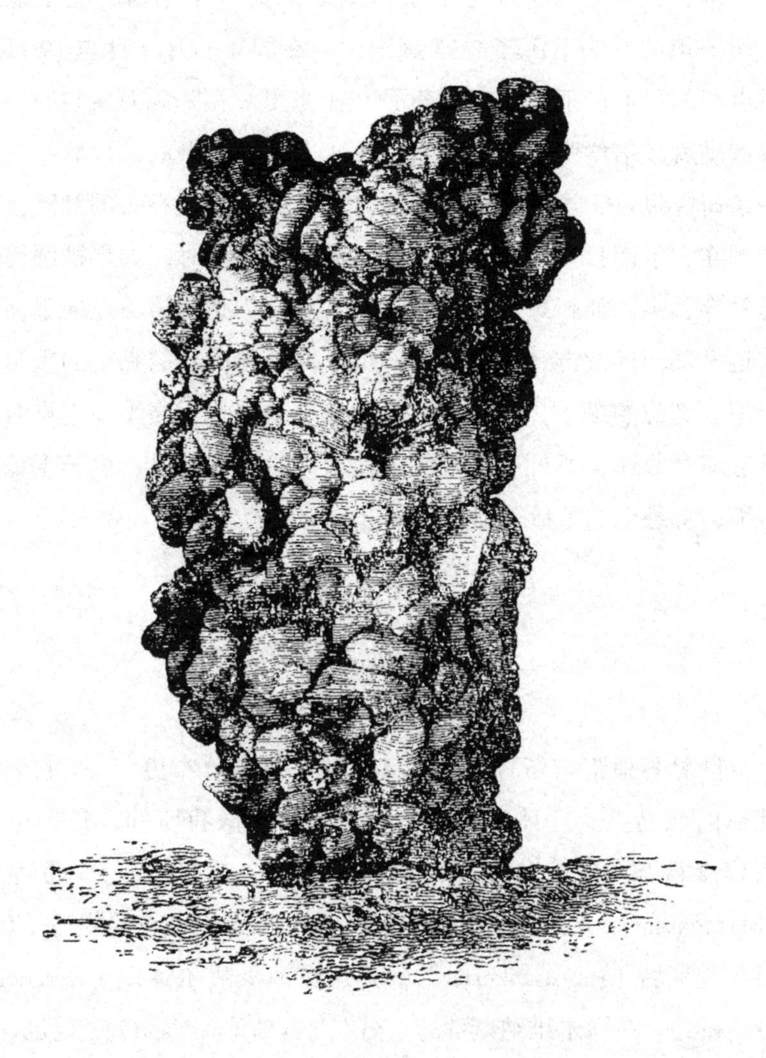

图 2 尼斯附近的塔状蚯蚓粪堆
（由土构成，可能由环毛蚯蚓的一个种排出，仿自照片）

内流动。这是因为有另外一个因素在起作用。多雨之后，土地膨胀，因其不能横向扩张，结果地表往上拱。天气干燥时，它又会内陷回去。例如，在5月9日与6月13日之间天气干旱时，位于地表的一大块平坦的石头下沉了3.33毫米，而在同年9月7日与19日之间的后半期下了很多雨，它却上升了1.91毫米。在降霜及融雪时，这种升降运动就成倍增强。这些观察是我儿子霍勒斯做的，以后他打算发表一篇研究报告，论述在持续潮湿与干旱的季节里石头的升降情况以及蚯蚓在它下面打穴所产生的影响。当土地膨胀时，如果被圆筒形的穴道贯穿其中，如蚯蚓的穴道，那么穴道壁势必受挤被压向里面。假定穴道全部同样潮湿，在较深的部位，由于被拱起的黏土的重量大于挨近地表部位的黏土，受挤压的情况就更为严重。当土地干燥时，穴道壁会略微收缩，蚯蚓的洞穴将因此增大一些。但是，由于土地的侧面收缩，上悬土的重量非但不会促进，反而会妨碍洞穴增大。

蚯蚓的分布

世界各地都有蚯蚓存在，其中有些属的分布更广。[①] 它们栖息于荒凉的孤岛上。在冰岛，它们为数众多。据我所知，蚯蚓也存在于西印度群岛（West Indies）、圣赫勒拿岛（St. Helena）、马达加斯加（Madagascar）、新喀里多尼亚（New Caledonia）及塔希提岛（Tahiti）。雷兰克斯特（Ray Lankester）曾记述过南极凯尔盖朗（Kerguelen）一带的蚯蚓。在马尔维纳斯群岛［福克兰群岛（Falkland）］，我也看到过蚯蚓。它们是如何来到这些孤岛的，现在仍是一个谜。蚯蚓易被盐水杀死。如果说陆地上禽类的脚或嘴上的泥土，可以携带小蚯蚓或其卵囊，看来也不大可能。何况现在还没有任何陆地禽类栖息在凯尔盖朗群岛。

本书的主题是蚯蚓所排出的土，但在与远方岛屿有关的方面，我

① 佩里埃，《动物学实验丛刊》，1874年，3卷，378页。

也搜集了一些事例。在美国，蚯蚓所排出的粪便相当多。委内瑞拉加拉加斯的恩内斯特（Ernst）博士曾告诉我，在委内瑞拉的花园及田地里，可能是尾毛蚓属（Urochaeta）的某些种排出的粪便非常普通，但在森林里却找不到这种粪便。恩内斯特博士在他家占地200平方码的庭院里，曾搜集到156堆蚯蚓粪便。这些粪堆的大小在0.5立方厘米到5立方厘米之间，平均3立方厘米。所以，与经常在英国看到的粪堆相比，它们算是小的。从我家附近田地里采集到的6个大粪堆，平均有16立方厘米大。有几种蚯蚓在南巴西的圣凯瑟琳娜（St. Catharina）是很常见的，佛里茨·穆勒（Fritz Muller）曾告诉我："在森林和牧场的大部分地区，深达0.25米的全部土壤看来都好像曾反复通过蚯蚓的肠道似的，尽管在这里的地表上几乎看不见任何蚯蚓粪便。"在那里却有一种大型而稀少的蚯蚓品种，其洞穴直径有时宽达2厘米或接近$\frac{4}{5}$英寸，而且钻地的深度显然也很深。

在新南威尔士（New South Wales）的干旱气候下，我几乎没有料到蚯蚓竟会如此普遍。受我嘱托，住在悉尼的克雷夫特（G. Krefft）博士，询问了园丁等人之后，又根据他个人的观察，告诉我说蚯蚓的粪便很多。他曾寄给我一些大雨后采集的粪便。这些粪便由直径约0.15英寸的小丸子所组成，而组成这些小丸子的变黑的沙土仍牢牢粘结在一起。

已故的，在加尔各答附近植物园工作过的斯科特（John Scott）先生曾替我做过许多有关蚯蚓的观察。这些蚯蚓生活于孟加拉热而潮湿的气候之下。那里的丛林及旷野几乎到处都可看到许多蚯蚓粪。在他看来，粪便的数量比英国要多。当被淹的稻田退水后，整个地面便很快布下星星点点的蚯蚓粪便。这件事使斯科特先生大为惊奇，因为他不知道蚯蚓在水下能存活多久。蚯蚓粪给植物园招来不少麻烦，"因为要使园内最漂亮的草坪保持整洁，几乎每天需要进行滚压。如果几天不打理它们，上面就会布满蚯蚓粪。"这些粪便与前面所说尼斯附近到处都是的蚯蚓粪相似，而且很可能是环毛蚓中的同一个种所排出的。其粪堆矗立如塔，塔的中央有一个开口通道。

在这里我们根据照片绘了一个这样的粪堆（图 3）。我收集到的最大粪堆高 3.5 英寸，直径 1.35 英寸；另一个的直径只有 0.75 英寸，高 5.75 英寸。第二年，斯科特先生对几个最大的粪堆进行了测量，其中一个高达 6 英寸，直径接近 1.5 英寸；其他两个则高 5 英寸，直径分别为 2 英寸及略大于 2.5 英寸。斯科特先生寄给我的 22 个粪堆的平均重量为 35 克或$\frac{11}{4}$盎司，其中一个重 44.8 克或 2 盎司。所有这些粪堆都是在一夜或两夜中排出来的。在孟加拉土地干燥的场所，如大树底下，各种各样的粪堆数量众多，它们由卵形或圆锥形的小物体组成，长度从$\frac{1}{20}$英寸到$\frac{1}{10}$英寸以上。它们显然是由不同种的蚯蚓排出来的。

加尔各答附近的蚯蚓进行这种反常活动的时期每年有两个月多一点，即在雨后的凉爽季节。这时，它们一般生活在地表下面约 10 英寸之内的地方。在炎热季节，它们挖穴更深，以后便卷缩起身子，显然是在蛰伏。斯科特先生从未看到过它们位于 2.5 英寸以上的深度之处，但却听说过有人在深度达 4 英尺之处曾看见它们。在森林里，甚至在热季也可以看到新鲜的蚯蚓粪。在凉爽及干燥的季节，像我们英国的蚯蚓一样，加尔各答植物园内的蚯蚓也把许多叶子及小枝条拖拽入其洞口，可是在雨季它们就很少这样做了。

斯科特先生在印度北部锡金的高山上也看到过蚯蚓粪。在印度南部，金博士曾在尼尔吉里高原海拔 7000 英尺山上的一个地方，发现大量蚯蚓粪堆，其体积大得有趣。仅在湿季才能看见排出这种粪堆的蚯蚓，据说其长度达 12 ~ 15 英寸，跟人的小指头那么粗。金博士是在经过 110 天无雨期之后才采集到这些粪堆的，而且蚯蚓排出这些粪堆的时间一定是在东北季风或者更可能是早先的西南季风期间。因为粪堆表面已蒙受过某种解体作用，而且有许多小的植物根已侵入其中。这里附上一个粪堆的插图（图 4）。这个粪堆看来在保持其原来大小

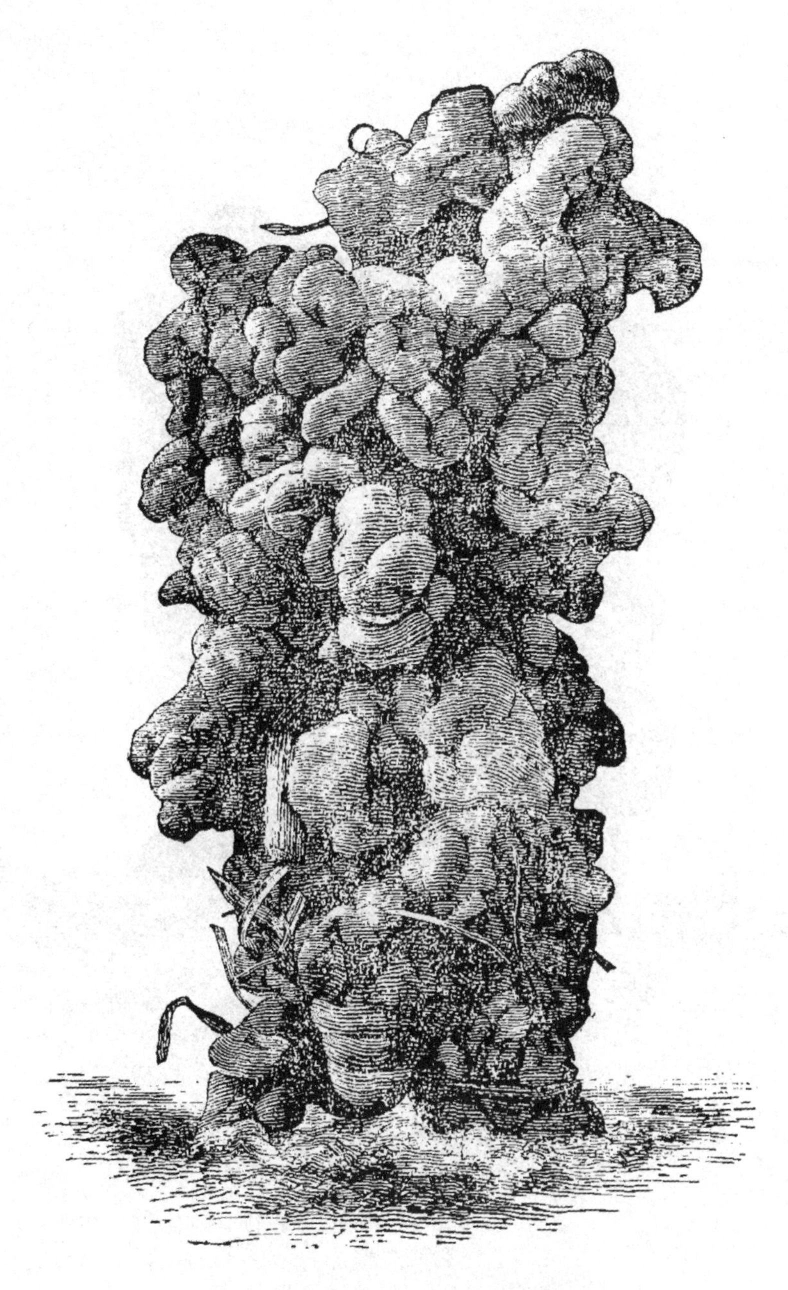

图3 可能由某种环毛蚓排出的塔形粪堆
（采自加尔各答植物园。根据照片制版）

图 4 采自印度南部尼尔吉里山的粪堆
（根据照片制版）

及外观上是最好的。尽管由于解体作用使粪堆受到一些损失，5个最大的粪堆，经过充分晒干之后，平均重量仍有89.5克或3盎司多。其中最大的重达123.14克，或$4\frac{1}{3}$盎司。换言之，比$\frac{1}{4}$磅还重。最大的盘旋部分，其直径都在1英寸以上。但是当它们尚柔软时，有可能塌下了一些，其直径因此而增加。有一些粪堆的流失曾是如此之多，结果成了一个几乎扁平而汇合在一起的粪饼堆。全部粪堆均由浅色细土所组成，十分坚硬而且结实，这无疑是由于土粒通过动物体内物被结合在一起所致。即使将它们放置于水中几小时也不会解体。虽然它们被排放在多碎石的土壤表面，但只含有为数极少的碎石，其中最大的碎石直径亦不过0.15英寸罢了。

金博士在锡兰（Ceylon）[①]曾看到过长2英尺、直径0.5英寸的蚯蚓。而且有人告诉他，在湿季，这是一个很常见的种，这些蚯蚓所排出的粪堆一定至少有尼尔吉里山上的蚯蚓粪堆那么大。但金博士在他短暂的锡兰旅游期间却没有见到。我所列举的事实现在已够多了，足以说明，在世界上大部分或所有地方，在截然不同的气候条件下，在把细土带到地表上来的过程中，蚯蚓做了大量的工作。

① 今斯里兰卡。——译者注

1897 年，达尔文雕像在什鲁斯伯里学校落成时的场景。

第三章

蚯蚓运到地表的细土量

·Chapter Ⅲ. The Amount of Fine Earth Brought Up by Worms to the Surface·

蚯蚓粪便覆盖草地上散布的各种物体的速率——铺砌人行道的埋没——地面大石头的缓慢沉陷——在一定区域内栖息的蚯蚓数目——从一个洞穴和一定区域内所有洞穴，排出土的重量——在均匀铺开的条件下，一定时间内和一定区域内，蚯蚓粪便所形成的腐殖土的土层厚度——腐殖土能以缓慢速率增加到很厚——结论

The late
CHARLES DARWIN

WILLIAM LUKS LONDON.

现在让我们谈谈本书更为直接的主题，被蚯蚓从地表下面运上来，以后又不同程度地被风雨铺展开的细土量。这些细土的数量可以用两种方法来判定，根据遗留在地表的物体被埋没的速率，或者精确测量给定时间内被运上来的细土量。我们先谈谈第一种方法，因为这种方法通常会首先被采用。

在斯塔福郡（Staffordshire）的美尔堂（Mael Hall）附近，大约在1827年，生石灰曾厚厚地撒布在一块优良牧场上，从那时起，这块地就没有被耕犁过。到了1837年10月上旬，我在这块地上挖掘出了几个正方形的洞坑，洞坑的剖面显示出一层草炭，由草根盘结而成，厚达0.5英寸。在下面2.5英寸深处，从地表算起为3英寸，可以清楚地看见一层呈粉状或小块状的石灰层环绕着洞坑内的4个垂直剖面。石灰层下面的土壤中有很多砾石或粗沙质，在外观上与覆盖在上面的暗色细腐殖土有明显差别。1833或1834年，在同一块田地里，有些部分上面曾有煤渣撒布，当再次挖开上面提到的方形洞坑时，已经过去了三四年。在方形洞坑的四周，离地面1英寸的深度，煤渣形成一连串黑色斑点，上方与石灰层平行。大约半年前，煤渣曾撒布在这块田地的另一部分，现在煤渣有的仍散布在地表，有的已与草根混杂在一起。在这里，我看到了煤渣开始被埋没的过程，因为蚯蚓粪便已堆积在一些较小的煤屑上面。间隔4年9个月之后，我又重新调查了这块田地。结果发现，几乎到处都可看见石灰与煤渣构成的两个土层，比原先深了几乎1英寸，确切地说是0.75英寸。所以，每年蚯蚓运上来的腐殖土的平均厚度为0.22英寸，遍布在这块田地的表面。

我也曾把煤渣厚厚地撒布在第二块田地上，撒下的日期已不能十分确定了。到1837年10月，它们在离地表约3英寸的深处形成了厚达1英寸的煤渣层。这层煤渣绵延不断，使得上面的暗色植物腐殖土

◀ 晚年达尔文的照片。

只有通过草根与下面的红色黏土相连，当切断草根，腐殖土和红色黏土便分离开了。在第三块田地上，也记不清是哪一天了，我曾撒布过几次煤渣和烧泥灰岩。1842 年将其挖掘开，在深 3.5 英寸的地方找到了一层煤渣。再往下，离地表 9.5 英寸处，发现了一层煤渣与烧泥灰岩的混合物。在洞坑的侧壁上有两层煤渣，分别位于离地表 2 英寸和 3.5 英寸的深处。再往下有两处烧泥灰岩的碎屑，一处离地表有 9.5 英寸，另一处有 10.5 英寸。在进行过同样操作的第四块田地里，可以清楚看到重叠的两层石灰。在其下面，离地表 10 ～ 12 英寸的深处，有一层煤渣与烧泥灰岩。

我还曾把一块荒芜而低湿的田地围起来，经过排水、耕犁、耙土后，在 1822 年铺撒上厚厚一层烧泥灰岩及煤渣，接着播下了草籽。现在，这块地已变为牧场，虽然有些粗糙，但也过得去。1837 年，即开垦 15 年后，我在这块地里挖掘洞坑，从比真实尺寸小一半的附图（图 5）中，我们可以看到一层厚 0.5 英寸的草炭土，下面一层是腐殖土，厚 2.5 英寸，这一层不含任何种类的碎片。再下面一层还是腐殖土，厚 1.5 英寸，充满了烧泥灰岩的碎片。这一层的腐殖土，因为呈现红色很容易看出，其中靠近洞坑底的一块碎片长达一英寸，煤渣碎片则与几块白色的石英细砾石混杂在一起。在这层下面，离地表 4.5 英寸的深处，可以看到带有一些石英细砾石的黑色泥炭沙质原土。所以，经过 15 年的岁月，这里的烧泥灰岩碎片及煤渣已被一层细腐殖土所覆盖，不包括草炭，它的厚度有 2.5 英寸。6 年半后，重新检查这块田，发现碎片已位于离表土 4 ～ 5 英寸的深处。可见，在六年半的时间内，又大约有 1.5 英寸的腐殖土覆盖在表层土之上了。我觉得诧异的是，在整整 21 年半中，并没有更多的土被运上来，因为紧靠在下面的黑色泥炭土里就有许多蚯蚓。很可能当初这块地较为贫瘠，并且蚯蚓稀少，这样一来，腐殖土的积累便很缓慢。在这整个时期，腐殖土年平均厚度的增量是 0.19 英寸。

另外还有两个情况值得一提。1835 年春，有一块曾长期被人视

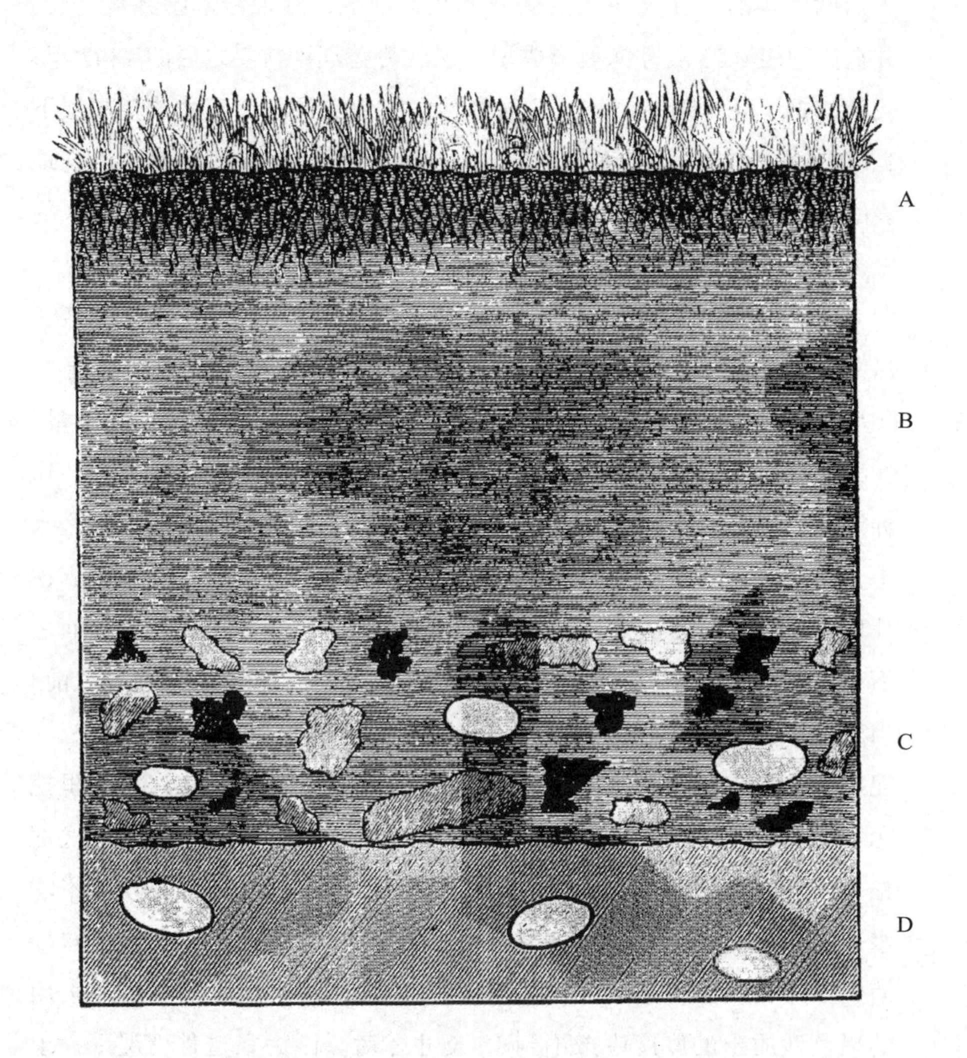

图5 十五年前经过排水、开垦的一块田地的腐殖土的断面
（A. 草炭；B. 无任何石子的腐殖土；C. 带有烧泥灰碎片、煤渣及石英细砾石的腐殖土；D. 带有石英小圆粒的黑色泥炭沙质底土）

为贫瘠的牧场，又低又湿，只要一脚踏上去，就有些轻微的抖动。后来，我们曾用红沙把这块地厚厚地覆盖起来，使整个地表呈鲜红色。大约两年半后，在这块地里挖掘了几个洞坑，发现沙子已经被埋没，并在离地表 0.75 英寸深处形成了一层。覆盖红沙 7 年之后的 1842 年，我又挖掘了几个新的洞坑，这时红沙已在地表层下 2 英寸或草炭层下 1.5 英寸的深处形成了明显的一层。所以，蚯蚓每年把腐殖土带到地表的平均厚度为 0.21 英寸，紧贴在红沙层下面的则是黑色沙质泥炭的底土层。

同样距离美尔堂不远，有一块草地，过去曾铺撒过一层厚泥灰，后来有几年作为牧场使用，以后又进行了耕犁。在铺撒过泥灰层 28 年后，我的一位朋友曾在这块地里挖掘了三道沟。[①] 经过仔细测量，在某些部位泥灰岩碎屑层深达 12 英寸，在其他部位深达 14 英寸。这种深度上的差异，可能是因为这块地曾经被耕犁过，泥灰层虽然是水平分布的，但表层却有垄脊和垄沟之分。土地的主人明确告诉我，这片地被耕犁的深度从未超过 6 ～ 8 英寸，可是泥灰碎屑却在地表面之下 12 ～ 14 英寸的深处形成了一个连续的水平层。可见在被耕犁之前，当土地被当作牧场时，蚯蚓就一定掩埋了这些碎屑。否则，耕犁后，泥灰就会被零乱地分散于整个土壤层。4 年半之后，我在这块地里挖掘了 3 个洞坑，后来又在这块地里种下了马铃薯。这次却在洞坑底部 13 英寸深的地方，发现了一层泥灰碎屑，这个深度大概是这块地平均水平之下的 15 英寸。值得注意的是，如果这块地以往一直被当作牧场使用，那么，在长达 32 年半的时间里，被蚯蚓运到泥灰岩碎屑上面的黑色沙质土的厚度应该不到 15 英寸才对。因为在这种情况下，土

---

① 这个例子曾经引用在《地质学会会报》（*Transact. Geolog. Soc.* 第五卷，505 页）我的一篇论文的附录内，它有一系列错误。因为在我所收到的记录里，我错把数字 30 当作 80。其次，田地的主人以前曾说过，他是在 30 年前铺撒泥灰的，但现在已经明确，这项工作是在 1809 年做的，也就是我的朋友首次调查这块土地之前 28 年做的。至于数字 80 这个错误，我已在发表于《艺园者笔记》（*Gardeners' Chronicle*，1844 年，218 页）的一篇论文中做了修正。

壤将会变得硬实得多。泥灰的碎屑几乎都停留在未经翻动的、由白沙子与石英细砾石组成的底土层上，因为这层土对蚯蚓缺少吸引力，所以靠蚯蚓的活动而增加的腐殖土速度是十分缓慢的。

以下我们将列举一些具体的实例，用以说明蚯蚓在非干燥沙质土或非低湿牧场土里的活动情况。在肯特郡（Kent），我家土地的周围分布着白垩土。由于长时期遭受到雨水的溶解作用，土地的表面变得极不规则，被许多坑井似的洞穴断断续续地点缀和镶嵌着。[①] 在白垩土被溶解期间，许多大小不等未经碾压过的燧石等难溶解物质滞留在表面，形成充满燧石的坚硬的红色黏土层，厚度一般为 6 ～ 14 英尺。无论何处的一块地方，只要长期被用作牧场，就会有一层几英寸厚的深色腐殖土形成。

1842 年 12 月 20 日，在我家附近的一块地里，部分地方铺盖了大量碎白垩土。这块地被用作牧场已有 30 年以上的时间，甚至很可

① 这些坑洞或洞穴仍在形成过程中。在过去 40 年内，我曾看见或听见 5 种情况。在这些情况中，有一个直径达几英尺的圆形场所，竟突然下陷，在地里留下一个带有垂直壁、深达几英尺的敞口洞穴。这样的事也曾发生在我的一块私有田地上，当时正在用马进行滚压，马的后腿都掉进窟窿里面去了。为了填满这个洞穴，需要两三车垃圾。这个地方在过去几个时期曾塌陷过，塌陷往往发生在宽阔洼地之处。我听说过有一个洞穴是在一个小浅池塘地表的底部瞬间形成的。多少年来那个小浅池塘一直被用作洗羊池，后来有一个洗羊的人竟掉了下去，把他吓得半死。整个区域的雨水全都垂直地流入地底下去，但是在某些地方的白垩比其他地方有更多的孔隙。因此，来自上层黏土的排水便被疏导到某些地点，在这里与其他地方相比，含钙物质的溶解量要大些。有时在坚固的白垩里甚至也形成敞口的狭小渠道。因为在整个地区的白垩都缓慢地溶解，只是在有些地方比其他地方溶解得多些。那些覆盖在上面含有燧石的黏土块未溶解的残渣也慢慢沉降下去，逐渐把坑洞及洞穴填满。但是红黏土的上部可能是得到了植物根系的帮助，其联结在一起的时间比下部要长，从而形成了一个屋顶状物，而这个屋顶状物或迟或早是要掉下去的，就像在上述 5 个例子中那样。黏土的下沉运动可以与冰河的下降运动相比，但要慢得多。同时这种运动可以解释一个奇妙的现象，几乎呈水平状嵌进白垩中的、大大拉长了的燧石，现在一般处于接近或完全直立的姿势。直立着的一条燧石，竟跟我的胳膊一般长和粗。遗留在冰川中的树干往往采取与流向平行的位置，根据同一原理，这些拉长了的燧石也必然会采取直立的位置。虽然没有遭到滚压，但几乎占黏土体积一半的燧石却经常破裂，这一点可以用整个土块陷落时它们互相挤压来解释。我还要补充说明，这里的白垩的某些部分似乎原先就被一薄层细沙覆盖着，沙中带有一些可能属于第三纪的石卵石，因为这类沙子经常部分地填满了白垩中较深的坑或洞穴。

能有60年或90年那么久的时间。铺碎白垩土是为了在将来观察一下它究竟会被埋没到地下何种深度。到了1871年11月末，即29个年头之后，我们挖开了一道横贯田地的壕沟，结果在离地表7英寸的深处，在沟两侧可以看到一道白色的根瘤（nodules）线。所以，不考虑草炭层，腐殖土在这里被运上来的年平均速度为0.22英寸。在白色根瘤线之下，有些部位几乎所有的细腐殖土都含燧石；在其他部位，形成了2.25英寸厚的一层土层。算上这一层土，腐殖土层总共厚9.25英寸。在这里，在这个深度，发现了一个白垩根瘤和一个平滑的燧石细砾，这两种物体肯定曾是留在地表的。在地表之下11～12英寸的深度，充满燧石且未经翻动的微红色黏土在伸展着。最初，上述白垩根瘤的外观使我感到很惊讶，它们酷似被水磨过的卵石，刚破裂的碎片应是有棱有角的。但是，用放大镜来检查一下根瘤时，它们却不像被水磨过的。由于不均衡的流蚀，它们的表面显得坑坑洼洼，从其中凸出来一些破碎的化石贝壳的尖端。很明显，原来的白垩碎片的棱角已经全部溶解，因为它们有很大的接触面，承受着雨水中溶解的碳酸和含植物物质的土壤所产生的碳酸以及腐殖酸[①]的侵蚀。相对于其他部分，这些白垩碎片突出的棱角会被大量活的小根包裹。正如萨克斯（Sachs）所指出的，这些活的小根甚至具有侵蚀大理石的力量。就这样，在29年漫长的岁月中，被埋没的白垩有棱角碎片便转变为溜圆的根瘤。

这同一块地的另一部分是苔藓地，鉴于筛过的煤渣可以改良牧场，在1842年或1843年，就把厚厚一层煤渣铺撒在苔藓地里，几年之后又铺上了一层。1871年在这里开了一道壕沟，发现离地表7英寸深处有许多煤渣排成一列，另一列则平行位于距地表5.5英寸深处。这块地的另一部分被分隔开用作牧场已有一百多年的历史。在这里，开了几道壕沟，目的是观察腐殖土到底有多厚。第一条壕沟碰巧挖在

① 见塞缪尔·约翰逊（S. W. Johnson）《作物如何摄取营养》（*How Crops Feed*），1870年，139页。

了一处特殊的地方，这里40多年前曾有一个大洞，塞满了粗红色的黏土、燧石、白垩碎片以及石子，细腐殖土的厚度只有4.125～4.375英寸。在另一个未曾翻动过的地带，腐殖土厚度的变化很大，从6.5到8.5英寸不等，下面一个地方还发现了一些小砖碎。从这几个例子可以看出，在过去的29年中，腐殖土堆积在地表的年平均增加速率为0.2～0.22英寸之间。不过，在这个地区，当田地刚开始用作牧场的时候，腐殖土累积的速率相对慢得多。在一层厚达几英寸的腐殖土形成之后，累积的速率要更加缓慢。因为这段时间，蚯蚓主要靠近地表生活，只有在冬季天气很冷时，在这块地里的26英寸深处，可以找到蚯蚓。在夏天天气十分干燥时，蚯蚓才向更深处打洞，以便从下面往地表运鲜土。

与上述田块相连的另一块田地的部分坡度较陡，从10°到15°不等。这块田地最后的两次耕犁是在1841年，后来又加以耙耕，留做了牧场。一连好几年，它上面只生长了极少稀疏的植物，并且被大大小小的燧石厚厚地覆盖着。其中有些燧石，有婴儿头颅那么大，因而我的孩子们常常把这块地叫作“石田”。当他们从斜坡往下跑动时，这些石头便一齐震颤起来，发出响声。我曾怀疑自己是否能活到看见这些较大的燧石被腐殖土及草炭覆盖的时候。但是，没过多少年，较小的石头不见了。又过一段时间，较大的石头也消失了。30年后的1871年，当马在坚实的草炭地上，从田地的一处跑到另一处，不会有一个石头碰着它的蹄铁。所以，对任何一个尚记得1842年这块田地外貌的人来说，这种变化是惊人的。这种变化肯定要归功于蚯蚓的劳作，尽管有几年看不到蚯蚓的粪便连续不断地产生，还是有一些细土月复一月地被运上来。而且，随着牧场的改良，被运上来的细土的数量在逐渐增加。1871年，我在上述斜坡上开了一道沟，并且把草的叶片在紧靠根部部分切掉，以便准确地测出草炭及腐殖土的厚度。草炭厚度不到半英寸，而不含任何石子的腐殖土厚2.5英寸。在这一层下面，铺垫着充满燧石的粗黏土，像邻近任何一块耕犁过的田地的情况一样。一铁锹的土被挖起来时，这层粗黏土很易从上面覆盖着的腐殖土脱落下来。在这 30 年中，腐殖土的平均积累速率只是每年 0.083 英寸，即 12 年接近 1 英寸。这个速率起初一定很慢，后来才大大加快，这块田的外观变化是我亲眼所见的。后来当我在诺尔公园考察树底下寸草不生的高大山毛榉密林时，这种变化就更加显著了。在这里，地面上铺着硕大的裸露石头，几乎见不到蚯蚓粪便，地表上若隐若现的沟痕和参差不齐的痕迹说明，在几个世纪之前，这块地曾被耕犁过。很可能是这种情形，浓密的山毛榉幼林生长得很快，使蚯蚓没有足够的时间用粪便去覆盖石头。后来，这块地方就不适于它们生存了。不管怎样，现在被误称为“石田”的地方蚯蚓很多，而诺尔公园内老山毛榉树下几乎看不到蚯蚓，这个对比是十分明显的。

1843 年，通过我家部分草坪的狭小人行道上，曾用小石板铺设路的边缘。在这些小石板之间，蚯蚓排出不少粪便，并生长着许多杂草。一连几年，园丁都要拔除这条人行道上的杂草并加以清理，但最后杂草和蚯蚓还是占据优势。后来每逢割草坪时，园丁便只割杂草，不再清理蚯蚓粪便。很快，这条人行道几乎被腐殖土覆盖起来。几年后，甚至连杂草的踪迹都消失了。到了 1877 年，当我们除去覆盖在上面的薄薄一层草炭时，发现留在原来位置的小石板已覆盖上一英寸厚的细腐殖土。

最近发表了两个报告，介绍有关铺撒在牧场表面的物质通过蚯蚓活动而被埋没的情况。基伊（H. C. Key）牧师曾叫人在田地里开了一道沟，因为在沟的轮廓鲜明的垂直侧面至少 7 英寸的深度，可以看见长达 60 码的“明显、十分平整而狭小的一层煤灰，并混杂有小煤块，完全与上面的草地平行”。因此可以相信这块地在 18 年前曾撒过煤灰。[①]这一发现之所以引起了人们的兴趣，就在于这一层煤灰平行性及截面的长度。在另一个报告中，丹瑟（Dancer）先生说，曾在一块田地表面厚厚地铺撒上一层碎骨头，“几年之后”，这些骨头被发现已经“位

① 见《自然》（*Nature*），1877 年 11 月，28 页。

于地表之下几英寸处，深度一致”。[1]

牧师津克（Zincke）先生告诉我，最近他曾叫人在果园里掘了一个深达4英尺的坑，上面18英寸由深色的腐殖土组成，紧接腐殖土下面的18英寸则由沙壤土（sandy loam）组成，再下去便是许多滚压过的砂岩碎片，还有一些砖瓦碎块。这些砖瓦碎块可能来自罗马时期的建筑，因为附近曾发现过那个时期的遗迹。沙壤土附着在一个坚硬的含铁的黄黏土材料制成的盘状物器皿上，在表面还可看到两把完好的石凿。非常可能石凿最初是留在地表的，后来它们便逐渐被3英尺厚的土所覆盖。这些土可能都曾进入过蚯蚓的身体，并被排泄出来，只有石头是例外。这些石头可能在不同时期通过施肥或其他方式被散布在地表上，否则就很难解释那18英寸沙壤土的来历。沙壤土与覆盖于上面的深色腐殖土的区别在于，燃烧后，前者较后者呈现出一种更为明亮的红色，并且土质没有后者那么细小。根据这种观点，我们可以假定，如果位于地表下面不太深的部位，并且没有持续吸收上面腐烂植物中的物质，腐殖土中的碳就会在几百年的时间里失去其深色。对这种推断的可能性我还无法判断。

蚯蚓在新西兰的活动方式几乎和在欧洲一样。哈斯特（J. von Haast）教授曾描述过，在靠近海岸的地方，有由云母片岩组成的一个地带，“被5英尺或6英尺的黄土层覆盖着，在黄土层上面积累了约12英寸的植物土壤。”[2] 在黄土与腐殖土之间有一个厚达3英寸到6英寸的地层，由“岩心、石器、石片和石屑组成，这些都是坚硬的玄武岩材料。”很有可能在早先某个时期，原始居民们把这些东西留置在地面上，后来慢慢地被蚯蚓粪便所遮盖了。

英格兰农民都很清楚，留置在牧场上的任何东西，经过一段时间就会失踪，或者用他们的话来说，自动沉陷到地下去了。但是，石灰粉末、煤渣以及重石头是如何以同一速率通过草地下面错结的盘根而

---

① 见曼彻斯特（Manchester）《哲学学会会刊》（*Proc. Phil. Soc.*），1877年，247页。

② 见《新西兰研究所汇刊》（*Trans. of New Zealand Institute*），12卷，1880年，152页。

沉陷下去的？这可能是他们从未考虑过的问题。[1]

大石头由于蚯蚓的活动而沉陷

众所周知，外形不规整的大石块往往被留置在地面上一个较凸出的位置，下面的空隙很快会被蚯蚓的粪便填满。正如亨森所说，蚯蚓喜欢石头的庇护。一旦粪便填满了空隙，蚯蚓就把它们吞下的细土排泄到石头周围，这样一来，石头四周的地表面就升高了。当石头下面所挖的洞穴经过一段时间坍塌之后，石头就向下陷入一部分。[2]所以，那些在古代某个时期从石山或悬崖滚落到山脚牧场的大石头，总是不同程度地嵌入在土壤中。把它们挪开时，会发现在细腐殖土上留有石头底部的清晰痕迹。如果这块大石头大得可以使下面的土一直保持干燥状态，这种土壤是不适宜蚯蚓栖息的，这样这块大石头也就不会沉陷入地下了。

在萨里郡的利斯丘陵山区（Leith Hill Place）附近的草地上，曾经有一座石灰窑，在我来此考察的35年前，已被拆毁，所有拆散的废物早已用车运走，只剩下3块石英砂岩的大石头。这可能是因为人们觉得将来可能用得着，所以大石头没有被运走。有个老工人还记得，这三块石头最初搁置在靠近窑基、堆满碎砖及灰泥的不毛之地。现在大石头周围的地面都被草炭和腐殖土覆盖了，其中两块最大的石头从未

---

① 在卡内基先生写给莱伊尔（C. Lyell）爵士的信（1838年6月）中说到，苏格兰农民害怕把石灰撒在耕犁过的土地上，除非这块土地是作牧场用的。因为他们认为，石灰有某种下沉的可能。他又写道，"前几年，在秋天，我把石灰撒在留有燕麦茬的田地里，并把它犁入土内，使石灰与死去的植物物质紧密接触，以后又用接连不断耕翻休闲地的方法，使它们彻底混合起来。由于上述偏见，我曾被人认为犯了大错误。不过，结果十分令人满意，我的做法也部分地受到人们仿效。通过达尔文先生的观察，我想这种偏见终有澄清之日。"

② 我们在后面将谈到，这个结论是十分正确的，但重要性不大。因为所谓标石，原是测量员固定在地中，作为水平面标记的，但过不多久便会变得不准。我的儿子霍勒斯打算在将来某个时间确定一下这种情况到底已偏差到什么程度。

移动过。要移动大石头，也不太容易。我叫人移动它们时，竟动用了两个人和杠杆。三块石头中有一块不算最大的石头，长 64 英寸，宽 17 英寸，厚 9 ～ 10 英寸。这块石头下面的中部稍为凸出的部分仍留置在碎砖和灰泥上，证明老工人的话是可靠的。在砖碎块下面还发现了含大量砂岩碎片的天然沙质土，这层土壤并没有因为石头的重压而内陷多少，换成黏土的话，肯定会产生内陷。在石头周围大约 9 英寸远的地方，土壤的表面逐渐朝着石头向上倾斜。在靠近石头的地方，土壤多半要比周围地面高出 4 英寸左右。石头的基部埋藏在平均水平面以下 1 ～ 2 英寸处，石头的顶部比平均水平面高 8 英寸左右，或者说比草炭构成的倾斜边沿高出 4 英寸左右。搬动石头以后，有一处尖端部分，最初一定是高出地面若干寸，但现在其上表面却与周围的草炭一般高了。当石头被搬动时，下面留下清晰的痕迹，形成了一个火山口状的浅坑，浅坑的内侧表面由黑色细腐殖土组成，而位于碎砖屑上较突出的部分却是例外。图 6 表示的这块石头及其底座的横断面，是根据石头被移开后所做的测量绘出的，比例是 0.5 英寸对 1 英尺（图 6）。朝着石头往上倾斜、被草炭覆盖的边缘，由细致的腐殖土组成，其中有一部分厚 7 英寸。这种腐殖土很明显出自蚯蚓粪便，其中有一些还是刚排出不久的。据我判断，这整块石头在 35 年间下沉了约 1.5 英寸，下沉的原因是由于其凸出部分下面的砖屑被蚯蚓钻了坑道。按照这个速率，如果牧场的土从未被耕翻过，这块石头的顶部要沉没到与地面持平，需要经过 247 年。但在此发生之前，大雨会把蚯蚓粪便中的一些土从石头顶部的草炭边沿上冲刷下来。

第二块石头比第一块石头要大些，长 67 英寸，宽 39 英寸，厚 15 英寸。底部接近平坦，所以蚯蚓将粪便排到石头周围。从整体来看，这块石头已陷入地下约 2 英寸。按照这个速率，要使石头的上表面下陷到与这块田地的一般水平面相等，需要 262 年。向上倾斜、靠近石头、被草炭覆盖着的周边宽度比第一块石头要宽，约宽出 14 ～ 16 英寸。对此，我还无法解释。这一区域，绝大部位的高度，没有第一块

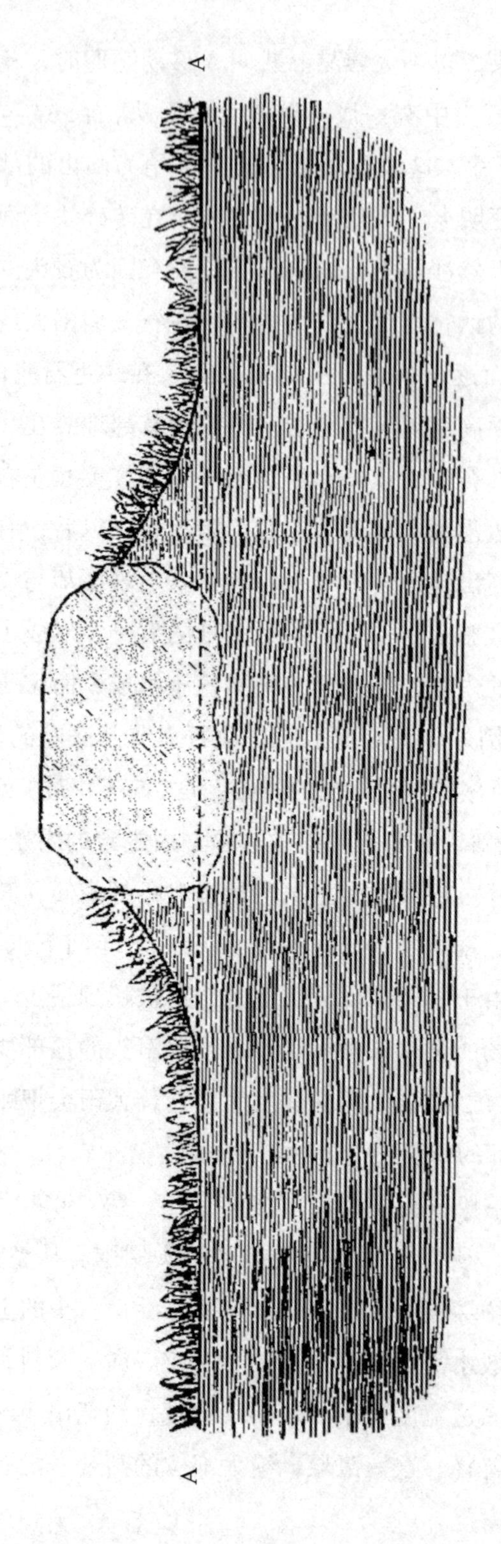

图 6 有一块大石头的横断面，这块石头放在草地上已有 35 年之久。AA 表示草地的平均水平面。下面的砖屑未给出。

石头的周边区域那么高，约2～2.5英寸；但其中一个部位，则高达5.5英寸。靠近石头的区域，那里的平均高度可能是3英寸左右，不过这已是薄到不能再薄的地步了。据此判断，一层宽15英寸，平均厚1.5英寸，长度足以围绕很长的一整块石头的细土，必然是35年中由蚯蚓从石头下面搬运上来的。这些细土足以导致石头陷入地下约2英寸。更何况，我们不要忘记还有大量最细的土壤，已被大雨从蚯蚓排泄在倾斜边土的粪便冲刷到地平面了。靠近石头的地方还可以看见新鲜的蚯蚓粪便。但是，在曾经搁置过石头的地方，挖掘一个深达18英寸的大洞时，只发现两条蚯蚓和几个蚯蚓洞穴，尽管这里的土壤潮湿，而且似乎也有利于蚯蚓的栖息。在石头底下有几个大的蚂蚁窝，也可能因此使得蚯蚓的数目减少了。

第三个石头大约只有上述两块石头的一半大，两个强壮的小男孩就足以把它翻过来。它现在位于离上述两块石头不远处，与之毗连的小斜坡底部，我认为不久前它曾被翻转过。它也被留置在细土上，在某些部位仅高1英寸，在其他部位则为2英寸。这块石头下面没有蚂蚁窝，在它曾搁置过的地方进行挖掘时，发现有几个洞穴及若干蚯蚓。

在巨石阵（Stonehenge），外围的一些德鲁伊（Druidical）石现已倒塌。其倒塌的年代很久远，倒塌的具体时间不详。这些石头陷入地下已有相当深度，围绕它们的是倾斜的草炭层，在上面还能看见新近排出的蚯蚓粪便。在这些倒下来的石头中，有一块石头，长17英尺，宽6英尺，厚28.5英寸。我在它附近挖掘了一个洞，这里的腐殖土至少厚达9.5英寸。在这个深度，发现有一个燧石，在洞的一侧的略高处则找到一小块玻璃。这块石头的基部低于周围地面水平约9.5英寸，而其上表面则高出地面19英寸。

在第二块石头旁边也挖掘了一个洞，这块石头在倒塌时已断为两半，从断面的风化情况来看，它一定是在很久以前倒下的。石头基部的埋入深度达10英寸。这个数字是通过用一根烤肉铁叉水平插入下面的土壤测量出来的。在石块周围，厚10英寸的腐殖土形成被草炭覆盖的边缘，在边缘上面还有不少刚排出不久的蚯蚓粪便，这层腐殖土的大部分肯定是被蚯蚓从石块下面运上来的。距离石块8码处，腐殖土厚5.5英寸，在4英寸深处还有一个烟斗。这种腐殖土位于破碎的燧石及白垩上，这些燧石和白垩是不会由于石块的重压而轻易退缩的。

借助于水平尺，把一根笔直的竿子水平地横搁在长7英尺9英寸的第三块塌石上，这样就确定了凸出部分和毗邻土地的等高线。等高线并不十分水平，其结果可参看附图（图7），比例是0.5英寸对1英尺。至于草炭覆盖着的、朝石块向上倾斜的边缘，靠石头的一侧高出一般水平4英寸，而在对面的那一侧只高出2.5英寸。后来又在东边挖掘了一个洞，在倾斜的草炭边缘顶部之下的8英寸处，发现石头的底面，位于土地平均水平之下深4英寸处。

现在已有充分证据说明，在蚯蚓多的土地表面，搁置的小物体很快会被埋没，大物体也会通过同样的方式缓慢下沉。这个过程的每一步都可以观察到。一堆蚯蚓粪便，开始的时候，偶然堆积在散置地表的某一小物体上；随后，它被卷入草炭的根丛之中；最后，它被埋进地表下不同深度的腐殖土中。每隔几年去重复检查同一块田地时，会发现这一物体会比过去埋得更深。被埋藏的物体所形成的层次工整而垂直，并与土地表面平行，这些都是最明显的特点。这种平行现象说明蚯蚓的劳动一定是很均匀的，雨水对新鲜蚯蚓粪便的冲刷也是原因之一。因为多孔煤渣、烧泥灰岩、白垩及石英小砾石在同一时间均下沉到同一深度，可以证实这一点，物体的重力并没有影响其沉陷速率。在利斯山区，考虑到下层土的性质，包含着许多碎石的砂质土壤；在巨石阵，则带有破裂燧石的白垩碎片。再考虑到这两处大石块周围都有草炭覆盖的倾斜腐殖土边缘，它们的下沉似乎并不主要取决于其重量，尽管这也是值得考虑的因素。[①]

---

① 马利特（R. Mallet）先生说过："现在我们已经了解，在沉重建筑物地基下面的土壤被压缩的程度非常明显，如教堂塔，这种现象也是有益和令人惊讶的。其陷入的程度有时可以用英尺来计量。"他曾以比萨斜塔为例，不过他又补充说，它是建立在"紧密黏土"上的。见《地质学会季刊》（*Quaterly Journal of Geolog. Soc.*）33卷，1877年，745页。

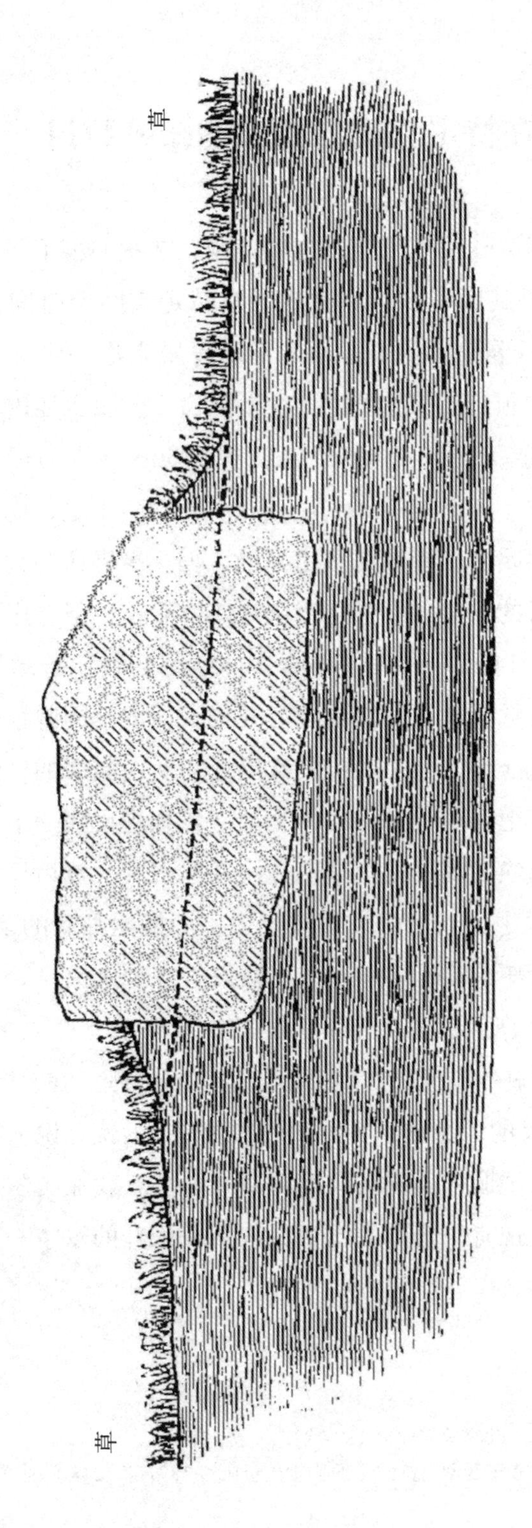

图 7 巨石阵附近一个倒塌的德鲁伊石的剖面，表示这块石头陷入土地的深度。比例为 0.5 英寸对 1 英尺。

在特定空间内栖息的蚯蚓数目

我们需要搞清楚两个问题：首先，栖息在我们脚下而我们又看不见的蚯蚓其数目到底有多少。其次，在特定空间及时间内它们运到地表的土的实际重量有多少。冯·亨森曾发表过一份关于蚯蚓习性的全面而有趣的报告。[①] 他经过测量，算出 1 公顷土地内的蚯蚓数目为 133000 条，或 1 英亩有 53767 条。根据冯·亨森的标准，一条蚯蚓重 3 克，这样 1 英亩的蚯蚓重量就是 356 磅。不过，应当指出，这个数目是依据菜园内的蚯蚓估算出来的，冯·亨森认为大田里的蚯蚓数目只有该数目的一半。尽管这听起来难以置信，但考虑到我有时见到的蚯蚓数目，以及每天被鸟类啄食的蚯蚓数目，蚯蚓居然没有绝种，因此我还是觉得这是可信的。有几桶变质的啤酒曾被放置在米勒（Miller）先生的土地上。[②] 最初是希望把它变为醋酸的，但后来醋酸也坏了，于是就把这些桶掀翻在地里。应该预先说明一下，醋酸对蚯蚓有剧毒。佩里埃发现，先把玻璃棒浸在醋酸中，然后插入有蚯蚓浸在里面的大量水中，结果蚯蚓很快死去。酒桶掀翻后的第二天早晨，“只见地面上布满了蚯蚓尸体，这个现象非常令人惊讶。如果米勒先生没有看见这个现象，他一定不会相信在地下会有这么多蚯蚓的”。冯·亨森的发现进一步证明在地下栖息着大量蚯蚓。在菜园里他发现，在 14.5 平方英尺的区域内有 64 个敞口洞穴。也就是说，在 2 平方英尺的区域内有 9 个洞穴。洞穴有时比这还要多，我在美尔堂附近的草地上挖掘时，发现有一个干的土块，仅跟我张开的双掌一般大，其中却贯穿着 7 个大如鹅毛管的洞穴。

---

① 见《科学杂志·动物学部分》，1877 年，28 卷，360 页。

② 见丹瑟先生发表于曼彻斯特的《哲学学会会刊》，1877 年，248 页的论文。

从单个洞穴以及从特定区域内所有洞穴排出的土的重量

关于蚯蚓每天所排出的土的重量，冯·亨森观察他用叶子饲养过的几条蚯蚓，发现它们每天只排出 0.5 克或不到 8 格令。但是，处于自然状态的蚯蚓，当它们以食土代替食叶，而且营造深的洞穴时，所排出的土量必定大得多。根据下表所列被排泄到单独洞穴入口处的蚯蚓粪便重量来看，上述说法大概是可信的。全部粪便似乎都是在短时期内排出的，好几个例子可以证明，情况确是这样。这些粪便（一个特例除外），都是经过在烈日下一连许多天的暴晒或被烈火烘干的。

表 3–1 在一单独洞穴入口处所积累的蚯蚓粪便重量

（单位：盎司）

说明	重量
（1）肯特（Kent）的唐恩村（Down），底土是充满燧石、覆盖着白垩的红黏土——我在一个险峻山谷的一侧所能找到的最大粪堆。这里的底土浅。在这个例子中，蚯蚓粪尚未干透	3.98
（2）唐恩村——我在上述山谷的谷底贫瘠的牧场上所能找到的最大粪堆，主要由含碳酸钙的物质构成	3.87
（3）唐恩村——一个大粪堆，但又不是大得异乎寻常，来自一块几乎水平的土地，是一块 35 年前开辟的贫瘠的牧场	1.22
（4）唐恩村——排泄在我家草坪斜坡上不大的粪堆，重量约等同于（2）中提到的粪堆重量。由于长期受雨水冲刷，重量损失了一部分	0.7
（5）在法国尼斯附近——12 堆通常大小粪堆的均重，由金博士采自一块长期未割草、有很多蚯蚓栖息的草地。这块草地受到灌木的保护，近海，为沙质土，含有碳酸钙。采集前，这些粪堆层被雨淋了一段时间，必定会失去一些重量，但还没有失去其外形	1.37
（6）12 堆粪堆中最重的一堆	1.76
（7）孟加拉南部（Lower Bengal）——斯科特先生采集的 22 个粪堆的均重，据他说是在一个夜晚里排出的粪堆	1.24
（8）上述 22 个粪堆中最重的一个	2.09

续表

（单位：盎司）

（9）在南印度的尼尔吉里山脉（Nilgiri Mountains），金博士收集的5个最大粪堆的均重。曾受到最后一次雨季的雨水冲刷，必定失去了一些重量	3.15
（10）上述5个粪堆中最重的一堆	4.34

表3-1表明，排泄在同一洞穴口、大多新鲜、常保持其蠕虫形状的粪堆，干燥后的重量一般超过1盎司，有时几乎达到0.25磅。在尼尔吉里山上，有一粪堆甚至超过了0.25磅。在英格兰，最大的粪堆存在于极度贫瘠的牧场上。就我所看到的而言，这些粪堆一般比草木繁茂的土地里的粪堆还要大。看来，为了获得充足的营养，相对于在肥沃土地，在贫瘠土地中的蚯蚓必须吞食更多的泥土。

表3-1中的（5）（6）两项提及的在法国尼斯附近的塔形粪堆，金博士常在一平方英尺的地表上发现5堆或6堆。从它们的均重推断，这些粪堆的总重量应为7.5盎司，所以在1平方码上的重量应为4磅3.5盎司。1872年末，金博士采集了在1平方英尺范围内，不管是否破裂，仍保持蠕虫状的全部蚯蚓粪。采集地点在河堤顶部多蚯蚓的区域。在这里，粪堆不可能从上面滚落下去。根据粪堆的外观，结合尼斯周边的雨季和旱季，他判断这些粪堆一定是在前5个月或前6个月内排出来的，重9.5盎司或每平方码重5磅5.5盎司。相隔4个月后，金博士又在同一个1平方英尺的地表上，搜集了后来排出的所有蚯蚓粪便，它们重2.5盎司或每平方码重1磅6.5盎司。所以，在大约10个月内，或者为了稳妥，算作一年之内，在这1平方英尺上共排出了12盎司蚯蚓粪便，换算成1平方码则排出6.75磅，换算成一英亩则排出4.58吨。

我们选择在白垩质山谷谷底的一块地里，见表3-1的（2）项，在特大蚯蚓粪堆很多的一个地方，测量了一平方码范围内的粪堆重量。不过，在另外几个地方，粪堆的数目也几乎一样多。搜集了这些完全保持蠕虫状的粪堆，在它们半干时称重，重达1磅13.5盎司。这块地在52天以前，曾用重型农用滚压机碾过。这样一来，地上的每一堆蚯蚓粪肯定被压平了。在这之前的两三个星期里，天气十分干燥，所以没有一个粪堆看起来是新鲜的或是最近排出的。我们可以假定，被称重的粪堆是在田地里被滚压之后约40天之内排出的。也就是说，比整个间隔时期少了12天。滚压前不久，我曾检查过这块田地，当时有不少新鲜粪堆。在夏天干燥天气下，或在严寒的冬季，蚯蚓都停止了工作。如果我们假定每年蚯蚓只工作半年，整块地面排出蚯蚓粪的数量是等量的话，保守估计，一年内在这块地里，蚯蚓的排粪量将是每平方码8.387磅，或每英亩18.12吨。

在上述事例中，有些数据还需要评估一下。但在下面两个例子中，其结果倒是十分可信的。有一位女士，我十分信赖她办事的认真精神，曾自愿在一年内搜集了两处不同地方一平方码范围内的所有蚯蚓粪便，采集地点靠近萨里的利斯山区。不过，她所搜集到的数量总比蚯蚓实际上排出的要少一些。因为我曾反复观察到，不管排出粪便时正值下大雨，或在下大雨前不久，都会有大量最细的土粒被淋洗掉。还有小部分的土粘在周围的草叶上，要把它们一一剥离下来，太费时间了。这次采集的是沙质土上的蚯蚓粪便，它们在干旱之后有破碎倾向，而碎粒常常会散失掉。这位女士也有偶尔离家一两个星期的时候，在这期间，蚯蚓粪由于天气原因而蒙受的损失一定更大。不过，这种损失多少得到了些弥补，因为她采集的时间比原定的一年多了几天。在其中一个平方码上，她采集了一年零四天；在另一平方码上，则为一年零两天。

1870年10月9日，在一个宽阔长满杂草的台地上，我们选择了一个场所，这个地方连续多年曾割过草及被清理过。这个地方坐北朝南，但在白天，有部分时段，树木遮挡了阳光。这块台地至少形成于100年前，沙岩碎片大量积聚起来，与一些沙土混在一起，堆积到地下。这个地方很可能最初由于草炭的覆盖而得到保护。从上面的粪堆数目来看，与毗邻的田地及上面的一个台地相比，这块台地不太适宜蚯蚓生存。但说起来令人吃惊，如同我们所看到的，这里居然有很多蚯蚓。在这块台地上挖掘一个洞穴时，发现黑色腐殖土与草炭加在一起的厚度为 4 英寸，在其下面是混有不少沙岩碎片的浅色沙质土层。在采集粪堆之前，我们小心去除了早先存在的粪堆。最后一次采集是在 1871 年 10 月 14 日进行的。采集后，把粪堆放在火上充分烤干，准确的重量是 3.5 磅。照此推算，在 1 英亩这样的土地上，蚯蚓每年可排出干土 7.56 吨。

第二个平方码被划定在未经圈用的公共地上，位于海拔约 700 英尺处，距离利斯丘陵塔（Leith Hill Tower）不远。地表上有一层矮而细的草炭，从未受到人为干扰。蚯蚓为了生存，选定的地点看上去既不是特别适宜，也不是特别不适宜。但是，我经常发现公共地上的蚯蚓粪便特别多，这一点也许可以归因于土壤的贫瘠。这里的植物腐殖土的厚度在 3 ～ 4 英寸之间。鉴于这个地点离该女士的住处稍远，在这里采集粪堆的时间间隔相对于在台地上更长一些。每逢下雨，细土的流失一定也比台地大。另外，这些粪堆含沙较多，因此在干旱时期采集时，它们有时会碎裂成粉状，造成更大的损耗。可以确认，蚯蚓运送到地表的土比我们实际采集到的要多。最后一次采集时间是 1871 年 10 月 27 日，这是在划定 1 平方码并且全部清除掉地表上的粪堆后的第 367 天。经过充分干燥后，所采集到的粪堆重 7.453 磅。以此推算在 1 英亩的同类土地上，蚯蚓每年排出 16.1 吨的干土。

上述四例摘要

（1）尼斯附近一年内大约排出的，由金博士在 1 平方英尺表面上所收集的蚯蚓粪便，折算为每英亩年产 14.58 吨。

（2）在一个白垩质大山谷的谷底，一块贫瘠的牧场里，根据大约 40 天内一平方码上，排出的蚯蚓粪便，折算为每英亩年产 18.12 吨。

（3）在利斯丘陵区的古台地上 369 天，1 平方码所采集的蚯蚓粪，折算为每英亩年产 7.56 吨。

（4）在利斯山的公共地上 367 天内，1 平方码上所采集的蚯蚓粪，折算为每英亩年产 16.1 吨。

一年内排出的蚯蚓粪，如果均匀分布，所形成的腐殖土层的厚度

在上述摘要的后两个事例中，我们已折算出 1 平方码地表上蚯蚓一年所排出的干粪重量。现在，我想了解，如果这些干粪均匀分布在 1 平方码地表上的话，这一数量所形成的普通腐殖土层应该有多厚。因此，把干粪碎裂成小颗粒，在搁置期间，这些干粪多半被充分抖动和向下挤压。在台地上采集来的那些蚯蚓粪便计有 124.77 立方英寸，如果把这些蚯蚓粪平铺在 1 平方码上，便形成厚达 0.9627 英寸的一层腐殖土。同样，在公共地上采集的蚯蚓粪便计有 197.56 立方英寸，平铺在 1 平方码上，将形成厚达 0.1524 英寸的一层腐殖土。

当然，这些厚度必须经过修正，因为经过充分抖动和向下挤压之后，尽管每个独立的颗粒是紧密的、磨碎了的蚯蚓粪便，几乎不会形成像腐殖土那样紧密的团块。根据地表因水淹而产生气泡数量来判断，腐殖土远非是密实的。另外，它还被许多小根所贯穿。为了大致地搞清楚被粉碎成小粒又加以干燥后，普通的腐殖土的体积会增加多少这个问题，我曾测量了一块长方形的薄薄的腐殖土。这块腐殖土的草炭已经被剥去，稍带些黏土性质。在碎裂之前进行过一次测量，充分干燥之后又进行了测量。单从外表的测量来判断，干燥使它原来的体积缩小了$\frac{1}{7}$。然后，按照处理蚯蚓粪便的方法，把它碎裂，并部分地磨成粉末，这时它的体积虽然因干燥而收缩了，却比湿腐殖土的体积增加了$\frac{1}{16}$。所以上面算出的来自台地的蚯蚓粪便所形成的土层厚度，在被湿润且铺撒在 1 平方码上之后，便减少了$\frac{1}{16}$，而且这样会把土层减少到 0.09 英寸，因此要在 10 年之间才能形成厚 0.9 英寸的土层。

同理，取自公共地的蚯蚓粪便在一年中应形成0.1429英寸的土层，或10年中形成厚1.429英寸的土层。我们可以大致估算，在10年当中，腐殖土的厚度，在台地里将达到1英寸左右，在公共地将达到1.5英寸左右。

正如本章开头所述，为了比较这些结果与那些根据留置在牧场上的小物体的埋没率，作如下总结：

十年间在撒置于地表的物体上积累的腐殖土厚度一览

按照在14年9个月中美尔堂附近一块干燥、沙质牧场表面上腐殖土的积累量，算出10年的总量为2.2英寸。

按照21年6个月中美尔堂附近的一块潮湿田地上的积累量，算出10年的总量为1.9英寸。

按照7年中美尔堂附近一块很潮湿地块上的积累量，算出10年的总量为2.1英寸。

按照29年中唐恩村内白垩岩上牧场里的积累量（这里的土壤为黏土，土质良好），算出10年的总量为2.2英寸。

按照30年中唐恩村白垩岩上山谷一侧的积累量（这里的土壤为黏土，很贫瘠，刚刚开辟为牧场，所以有几年不宜于蚯蚓生活），算出10年的总量为0.83英寸。

从这些例子（最后一个除外）中可以看出，10年中被运到地表的土壤总量比所采集的粪堆之实际重量要多一些。部分原因是称重的粪堆早先受到雨水冲刷，颗粒黏附在四周杂草叶片上以及干燥时被粉碎而蒙受的损失。我们也不可忽视那些常见的可能增加腐殖土总量的其他因素，以及那些被采集粪堆中有些并非蚯蚓粪便的可能，如由钻穴的幼虫和昆虫，尤其是蚂蚁运送到地表来的土。由鼹鼠运送上来的土一般都与腐殖土的外观有些差别，但经过一段时期也就没什么差别了。在干旱地区，把灰尘从一地搬运到另一地，风起着重要作用。即使在英格兰，灰尘也会增厚靠近大路的田地上的腐殖土。在我们所选的地方，蚂蚁、鼹鼠和风等所起的作用与蚯蚓相比，似乎是次要的。

目前，我们还没有办法测量单条成长的蚯蚓在一年中所排出的土的重量。据冯·亨森统计，一英亩土地中有53767条蚯蚓，但这个数据是依据菜园中发现的蚯蚓数目推算的。他认为，在大田中，蚯蚓的数目只有在菜园数目的一半左右。我们不清楚古老牧场里有多少蚯蚓存在。如果假定有菜园的一半，即有26886条蚯蚓生活在古老牧场里，并如上表所述将15吨作为一英亩内每年排放出来的蚯蚓粪便重量，这样的话，一条蚯蚓每年应该排出20盎司蚯蚓粪便。据我们观察，单独一个洞穴口的大型粪堆重量常在一盎司以上，蚯蚓一年内可能排出的大型粪堆达20堆以上。假定它们每年排出20盎司以上的粪便，就可以断定，生活在一英亩牧场中的蚯蚓不会超过26886条。

蚯蚓主要生活在表层腐殖土内，腐殖土的厚度不等，通常从4英寸或5英寸到10英寸甚至12英寸。正是这些腐殖土，一次又一次地通过蚯蚓的躯体，并被带到地表面。蚯蚓偶尔也会将洞穴挖掘进下层土，达到较深的地下，然后把土运送上来，这个过程要历经很多年。被蚯蚓运送到地表的最细土壤又被转移到较低的平地，在地表形成的腐殖土层，这个过程虽然缓慢，但最终会达到与蚯蚓钻穴深度相等的厚度。腐殖土到底能达到多大厚度，我没有更好的机会去观察。在下一章，我们讨论古建筑被埋没时，将为此提供几个事实。最后两章，我们会进一步了解，通过蚯蚓的作用，土壤确实会有所增加。蚯蚓的主要工作是从较粗糙的颗粒中，筛选出较细小的颗粒，并全部与植物碎屑混合起来，并用肠道分泌物来浸润。

最后，我认为，无论何人，只要尊重本章所列举的事实，即有关小物体的埋没及留置于地表的大石块的沉陷，栖息于中等范围土地内蚯蚓之巨大数目，从同一洞穴口排出的蚯蚓粪重量和在已知时间以及已测量空间内排出的所有蚯蚓粪便重量，今后他就不会怀疑蚯蚓在自然界所起的重要作用。

达尔文在花园里散步思考。

◀ 威廉·达尔文（William Erasmus Darwin，1839—1914）是达尔文的长子，和他的父亲一样曾就读于剑桥大学基督学院，后来成为南安普敦的一名银行家。

达尔文非常喜欢威廉；在威廉出生时，达尔文称他为“美丽与智慧的神童”，并以自己祖父伊拉斯谟·达尔文的名字命名他。

▶ 1842年，5岁的威廉与父亲合影。威廉是所有孩子中唯一与父亲留下合影的，他也是父亲的心理学研究对象。达尔文在自传里写道：“我的长子生于1839年12月27日，我马上开始记录他所表现的各种表情的开端，因为我相信，即使在这个早期，最复杂最细微的表情一定都有一个逐渐的和自然的起源。”在达尔文的观察日记里，威廉在出生9天后学会用眼睛跟随蜡烛，在45天后学会用眼睛微笑，在11周后根据特定情况发展出独特的哭声，在两岁半时便表现出良知。这些研究也对达尔文1872年出版的著作《人类和动物的表情》产生了影响。

▼ 亨丽埃塔（Henrietta Emma Darwin，1843—1927）是达尔文的第四个孩子，她陪伴在父母身边，组织家庭活动，也像秘书一样辅助达尔文的科学活动以及与外界的通信等。她敏锐的编辑眼光也帮助了达尔文的科学写作，尤其是在1871年出版的作品《人类的由来及性选择》（*The Descent of Man and Selection in Relation to Sex*）这本书上。亨丽埃塔还编辑了《查尔斯·达尔文自传》（*The Autobiography of Charles Darwin*）的部分内容，以及她母亲的私人书信集《查尔斯·达尔文的妻子埃玛·达尔文：百年家庭》（*Emma Darwin, Wife of Charles Darwin: A Century of Family*）并于1904年出版。

▶ 1905年，晚年的威廉和妹妹亨丽埃塔在花园里散步。

▲ 乔治·达尔文（George Howard Darwin，1845—1912）。在达尔文的子女中，乔治·达尔文的科学成就最高，他是一位天文学家、数学家、英国皇家学会会员。他对月球起源理论作出了重要的贡献，提出了月球起源的“裂变理论”。火星上的达尔文陨石坑就是以他的名字命名的，1984 年英国皇家天文学会以他的名字设立了乔治·达尔文讲座。这幅水彩肖像由乔治·达尔文的女儿格温·拉维拉特（Gwen Raverat）绘制，现藏于伦敦国家肖像馆。

▲ 乔治·达尔文的签名。

▲ 乔治的科研成果集中在他的 5 卷本《科学论文》（*Scientific Papers*，1907—1916）中。

◀ 在剑桥大学三一学院的小教堂里有一块纪念乔治·达尔文的黄铜牌匾（拉丁文）。

▲ 安妮（Anne Darwin，1841—1851）是达尔文的第二个孩子，也是长女，10岁时因病不幸去世。安妮的去世对她的父母来说是一个可怕的打击。达尔文在一本个人回忆录中写道："我们失去了家庭的欢乐和晚年的慰藉……哦，希望她现在能知道，我们是多么深切、多么温柔地仍然并且将永远爱她。"

2000年左右，达尔文的玄孙兰德尔·凯恩斯（Randal Keynes）发现了一个装有达尔文和埃玛收集的安妮纪念品的盒子。于是他写了一本以达尔文与安妮之间的关系为主题的传记，书名为《安妮的盒子》（*Annie's Box*：*Charles Darwin*，*His Daughter and Human Evolution*），2009年的电影《创造》（*Creation*）的剧本就是根据这本书改编而来。

▲ 安妮的墓碑。1849年，安妮和她的两个堂姐一起感染了猩红热，此后她的健康每况愈下。达尔文焦急地求助于水疗法，带着安妮去了伍斯特郡的温泉小镇Great Malvern。1851年她在伍斯特郡的蒙特利尔之家去世，被埋葬在Great Malvern修道院的墓地。这一事件在达尔文的一生中都是一个难以愈合的伤口，更何况达尔文性格敏感细腻，对于自然界存在的诸多苦难和痛苦怀有深刻体会。

▶ 伊丽莎白（Elizabeth Darwin，1847—1926）的知名度不如她的姐姐亨丽埃塔，甚至不如她不幸早夭的姐姐安妮。伊丽莎白小时候身体发育可能有一些问题，从她后来的信件来看，她是一个冷静而体贴的女人。

◀ 弗朗西斯（Sir Francis Howard Darwin，1848—1925）是著名植物生理学家、英国皇家学会会员，曾与父亲一起编著《植物的运动本领》（*The Power of Movement in Plants*）。在父亲去世后，弗朗西斯修订了《食虫植物》（*Insectivorous Plants*）的第二版，还和姐姐亨丽埃塔一起编辑了《查尔斯·达尔文自传》，他还根据父亲的通信整理了两本书信集：《查尔斯·达尔文的生平和书信》（*The Life and Letters of Charles Darwin*，1887年）和《查尔斯·达尔文的更多书信》（1905年）。此外，他还编辑了托马斯·赫胥黎（Thomas Huxley）的《论物种起源的接受》（*On the Reception of the Origin of Species*，1887年）。

▲《植物的运动本领》中译本

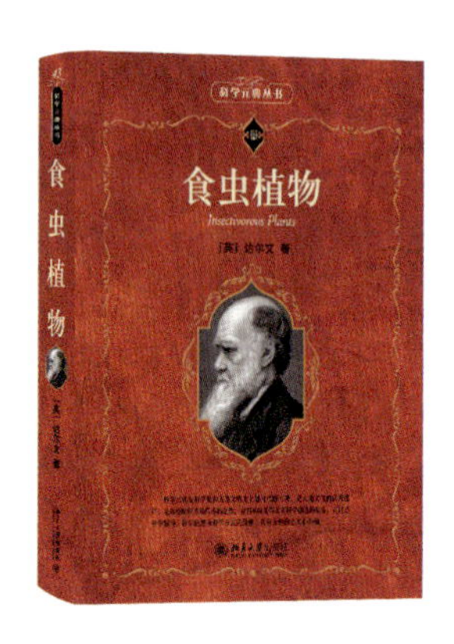

▲《食虫植物》中译本

▶ 伦纳德·达尔文（Leonard Darwin，1850—1943）英国政治家、经济学家和优生学家。他曾在军事学院任教；1908年至1911年，担任英国皇家地理学会会长（the Royal Geographical Society）；1911年至1928年担任英国优生学协会主席，1928年至1943年担任名誉主席。他将自己的著作《优生改革的必要性》（1926年）献给了他著名的父亲。

伦纳德也是统计学家和进化生物学家罗纳德·费舍尔（Ronald Fisher）的导师。费舍尔1930年的著作《自然选择的遗传理论》也写着“本书献给伦纳德·达尔文”。

伦纳德认为自己是所有兄弟中最不聪明的，因为乔治、弗朗西斯、霍勒斯这三位兄弟都当选为英国皇家学会的会员。

◀ 霍勒斯 · 达尔文（Horace Darwin，1851—1928）是一位工程师，专门从事精密科学仪器的设计和制造。他在 1885 年创立了剑桥科学仪器公司（*Cambridge Scientific Instrument Company*），在 1896—1897 年期间担任剑桥市长，1903 年成为英国皇家学会会员，1918 年被授予爵士称号。

▲ 1880 年 1 月，霍勒斯 · 达尔文和埃玛 · 法勒（Emma Cecilia "Ida" Farrer）结婚。

◀ 埃玛 · 法勒是托马斯 · 法勒（Thomas Henry Farrer，1819—1899）男爵的女儿。本书第四章提到的古建筑就在法勒家的庄园附近。法勒会写信告诉达尔文他观察到的蚯蚓在古建筑的附近的活动情况。

▲ 花园中有两种蚯蚓尤其常见：普通蚯蚓（earthworms，也叫陆正蚓）和红蚯蚓（brandlings，也叫赤子爱胜蚓），两者分别多见于泥土和堆肥里。陆正蚓的再生能力较差，而红蚯蚓从头到尾都有较强的再生能力。

▶ 蚯蚓的身体分成了许多节，它们用嘴摄入树叶等有机物，在贯穿身体的“肠子”中消化食物。

蚯蚓的呼吸通过皮肤来进行（所以必须始终保持湿润）。蚯蚓拥有一套含有血液的循环系统，并辅以推动体液在全身流动的另一个系统。它们有一个中枢神经系统，控制每段体节中的肌肉，每段体节都长有用来拨动泥土的刚毛，并能分泌黏液帮助它们钻洞。

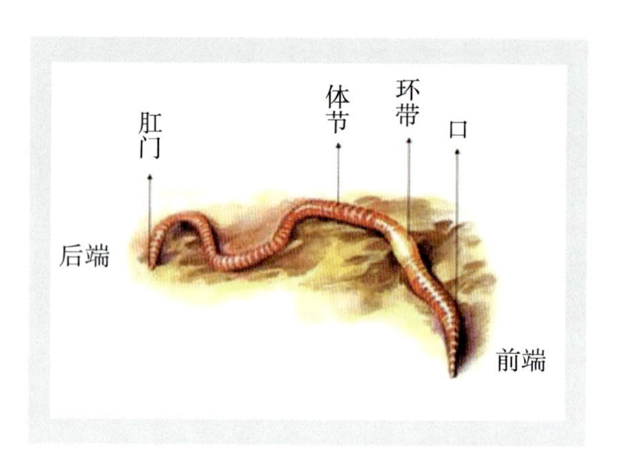

▲ 自达尔文以来，科学家们已经证实了蚯蚓在土壤中的重要性，并证明了用堆肥和粪肥来滋养土壤这一重要园艺实践的益处之一，就是对蚯蚓数量的促进作用，滋生的蚯蚓钻掘的穴道使土壤松软。

▼ 蚯蚓的粪便

中医里称蚯蚓为地龙，它是中国传统中药材之一，《千金方》《本草纲目》等医药著作描述了蚯蚓的入药方法及药用价值。

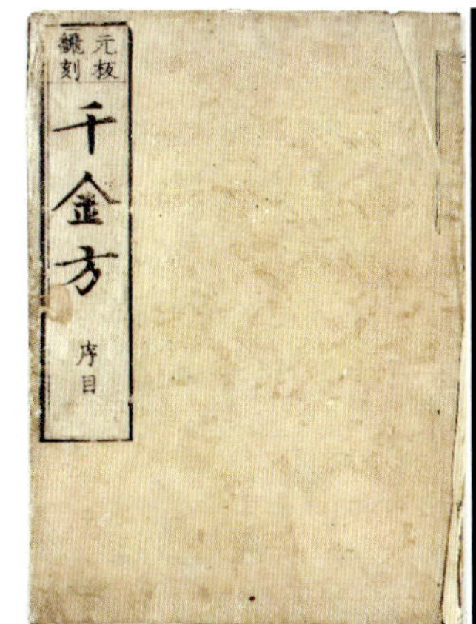

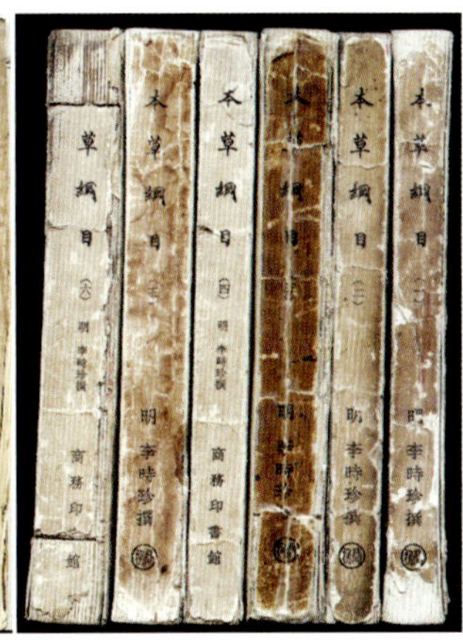

在净化土壤、处理生活垃圾和监测水土污染等方面，蚯蚓也发挥着极大的作用，因而它也被称为“生态系统工程师”。

许多地方正在发展蚯蚓人工养殖业，规模可大可小，养殖方法或精或粗，主要用它配制肥料、饲料、药物、除臭剂等。

自达尔文以来的一百多年，世界各地日益重视蚯蚓，对它进行了广泛且卓有成效的研究和应用，这恰好说明达尔文当年的论述是多么正确。

达尔文对蚯蚓的研究，如同他的所有其他研究一样，不仅使他成为这一领域的鼻祖，而且其研究成果经受住了漫长时间的考验。土壤学家们公认，《腐殖土的形成与蚯蚓的作用》是土壤生物学与土壤生态学的开山之作，对于我们理解腐殖土的成因及其土壤生态意义贡献巨大。它既是一份珍贵的科研报告，也是一本优秀的科普读物，曾多次再版，被翻译成多国文字。1808年该书出版，当年就卖出了6000册，这个销售速度甚至比《物种起源》的更快。

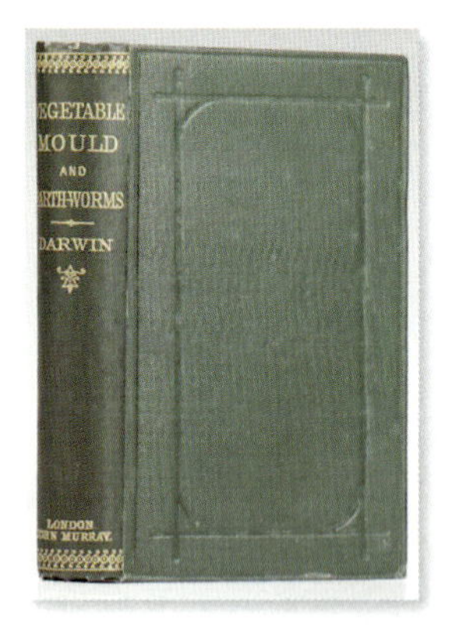

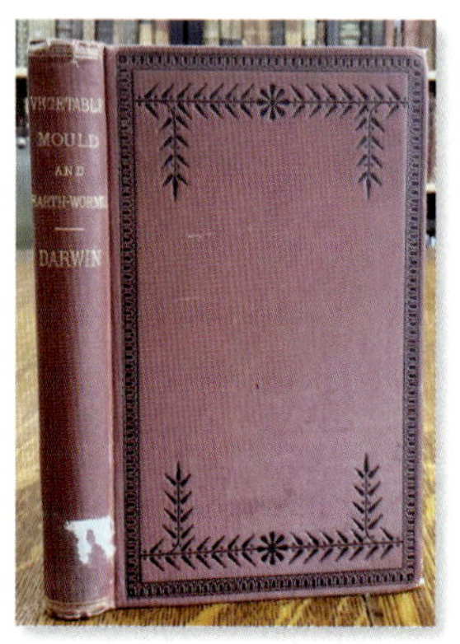

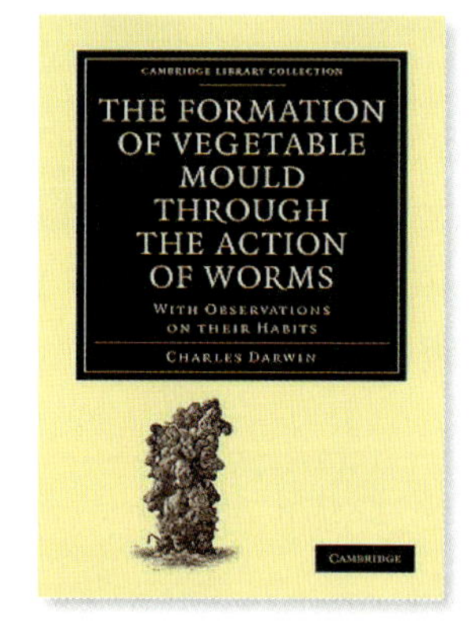

本书各种英文版本

1954年繁体中译本

1955年简体中译本

2025年北京大学出版社新译本

第四章

蚯蚓在古代建筑物埋没中所起的作用

· *Chapter Ⅳ. The Part Which Worms Have Played in the Burial of Ancient Buildings* ·

大城市遗址上积累的垃圾与蚯蚓的作用无关——阿宾杰的一个罗马别墅的埋没——被蚯蚓钻洞的地板和墙壁——现代人行铺道的下陷——比尤利修道院里被埋没的铺道——彻得渥斯（Chedworth）和布拉丁（Brading）的罗马别墅——锡尔彻斯达（Silchester）的罗马城镇遗址——覆盖遗址的碎屑的性质——蚯蚓对镶嵌地板和墙壁的钻入——地板的下陷——腐殖土的厚度——罗克塞特（Wroxeter）的古罗马城镇——腐殖土厚度——若干建筑物地基的深度——结论

考古学家们可能不了解在许多古文物保存方面，他们应该更多地感谢蚯蚓。钱币、金饰、石器等如果掉落在地面上，几年之后，它们就会被蚯蚓粪便所埋没，从而稳妥地被保存起来，直到将来某一天这块土地被挖掘为止。很多年前，在距离什鲁斯伯里（Shrewsbury）不远的塞文河（Severn）北岸，人们耕犁了一块草地，在犁沟的底部发现了数量众多的铁箭头。据当地的古文物专家布莱克韦（Blakeway）先生说，这些箭头是1403年什鲁斯伯里战役的遗留物，并且毫无疑问是丢弃在战场上的。在这一章，我将会详细介绍，不但工具等遗留物被这样保存下来，英格兰的许多古建筑的地板和遗迹，也主要是通过蚯蚓被有效地埋藏起来。到了近代，由于各种偶然事件，被人们所发现。这一章里，我暂时不去谈论罗马、巴黎与伦敦等许多城市下面埋藏的巨大垃圾堆，其厚度可以达到几码，其较低的一层尤其古老。这样的地层并没有受到蚯蚓的任何影响。当我们认识到，为了建筑、生火、穿衣和饮食，每天会有多少物资被运送进大城市，而且在古代，道路不但糟糕而且也没有做到及时清理，运出城外的物资仅是其中的一小部分。我们就会同意博蒙特（Élie de Beaumont）对这个问题的看法，他说："每运出去一车东西，就得运进来一百车东西。"① 此外，我们也不应该忽视火的影响、古建筑物的毁坏，以及废弃物向邻近空地的搬运。

萨里郡（Surrey）的阿宾杰（Abinger）

1876年晚秋，在萨里郡的阿宾杰，工人们在一个古老农家院落的地下2～2.5英尺处，发现了各种古代遗存物。知道这个发现后，阿宾杰山庄的法勒（T. H. Farrer）先生把一块毗邻的耕地检查了一遍。

◀ 1875年时的阿宾杰大厅（Abinger Hall）

① 见《实用地质学教科书》（Lecons de Géologie Pratique），1845年，142页。

在挖掘的壕沟里，他很快发现了一层仍旧部分被镶嵌小红铺砖覆盖着的混凝土，两边还有残垣断壁围着。人们认为这个房间是罗马别墅正厅或客厅的一部分。[①] 随后，他又发现了两三个其他小房间的墙壁，同时被发现的还有一些陶器及其他许多物体的残片、几个罗马皇帝的钱币，钱币的年代从公元133年到361年或375年不一。另外，他还发现了一枚1715年乔治一世时代的半个便士。这个钱币的出现似乎有些反常。毫无疑问，它在18世纪被丢在地上，从此，在厚厚的蚯蚓粪底下埋藏了很长时间。根据罗马钱币上提供的不同日期，我们可以推断，这个建筑物曾经长期有人居住过，可能在1400年或1500年前被毁坏而被废置了。

1877年8月20日对这个遗址进行挖掘时，我正好在现场。法勒先生叫人在正厅相对的两端开了两道深沟，以便我检查遗址附近的土壤性质。这个地方从东向西倾斜，角度大约是7°。其中的一道深沟，如图8的截面所示，位于较高或东边的一端。图的比例是0.05英寸对1英寸。这道沟宽4～5英尺，在有些部位，深度超过了5英尺，应该曾有过不同程度的缩小。正厅地坪上的细腐殖土的厚度为11～16英寸。在截面图中，沟那一侧腐殖土的厚度略超过13英寸。移开腐殖土之后，从整体来看，这块地坪大致是平坦的，在有些部位则呈1°角倾斜，而靠外面的一个部位，则呈8°30′角的倾斜。在掘沟的地方，铺道周围的墙是用厚达23英寸的粗石垒筑成的。墙体破裂的顶部，位于地表之下，被腐殖土覆盖着。腐殖土的厚度在顶部为13英寸，在其他部位则为15英寸。不过，在某一个点，墙顶升到了离地表不到6英寸的高度。仔细检查房间的两端，发现混凝土地面与围墙的连接处没有裂缝或剥离。后来证实，这道沟被挖在了邻近的大小为11英尺×11英尺6英寸的房间。我在场时，当时并没有察觉到它的存在。

在远离被埋藏墙壁（W）的一侧，腐殖土厚度为9～14英寸，它

① 对这个发现，1878年1月2日的《泰晤士报》（*The Times*）做过简单介绍，1878年1月5日的《建筑者》（*The Builder*）做过更详细的报道。

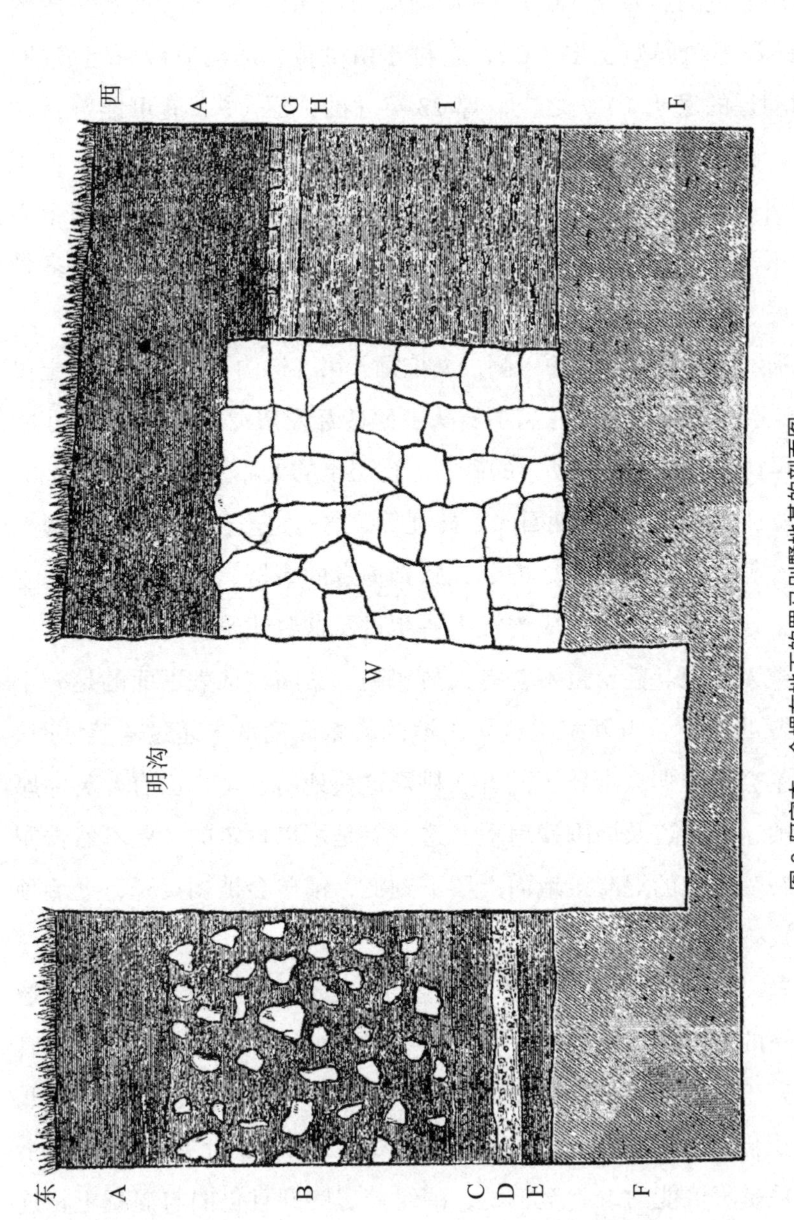

图 8 阿宾杰一个埋在地下的罗马别墅地基的剖面图

（A. 腐殖土；B. 充满石块的暗色土，厚 13 英寸；C 和 E. 黑腐殖土；D. 破碎灰泥；F. 未经翻动的底土；G. 镶嵌物；H. 混凝土；I. 性质不明；W. 埋在地下的墙。）

位于一块（B）厚达23英寸、含有许多大石块的微黑土上。下面是一层薄的深黑色的腐殖土（C），一层充满灰泥屑的土（D）及另一厚约3英寸的深黑色腐殖土层（E），它位于由微黄色的泥质沙所组成的、未经翻动过的底土（F）之上。厚23英寸的一层（B）有可能曾被作为地基，因为它把室内的地坪垫高到了与正厅地坪等高的程度。位于沟底的两个薄层黑色腐殖土内有标记表明，它们曾经是土地的两个表层。后来。在北屋的墙外，地表之下16英寸的深处，发现了许多骨头、灰烬、牡蛎壳、破陶器及一个完整的花盆。

在别墅的西边或较低的一侧，又挖掘了第二道沟。这里的腐殖土仅厚6.5英寸，下面是一层充满了石头、碎砖瓦及灰泥屑，厚34英寸的细土，再往下就是未经翻动过的砂石。这层土的大部分可能是从土地的较高部位被冲刷下来的，而石头、砖瓦等碎屑一定来自相毗连的废墟。

初看起来，这似乎是一桩令人感到惊奇的事情。这片由轻沙质土构成的土地，在许多年中应当被人耕犁过，这些建筑物的遗址竟然一直没有被人发现。甚至也不曾有人猜想到，紧贴在地表下面的是一个罗马别墅的遗址。当管家说这块土地的耕犁深度从未超过4英寸时，人们就不会感到那么奇怪了。首次耕犁这块地时，至少已有4英寸厚的土壤覆盖在铺道及周围残垣上，这一点是可以肯定的，要不然铁犁头就会在受风化的混凝土地面上留下刻痕，铺砖会被剥离开，老墙顶部也会被碰掉。

首先，把14英尺×9英尺面积上的混凝土和嵌石清扫干净，在这块被踏平的土壤所覆盖的地坪，并没有现出被蚯蚓钻入的痕迹。尽管上面覆盖着的细腐殖土与蚯蚓在许多地方所积累的腐殖土十分相似。但是，我们认为，这层腐殖土被蚯蚓从相当结实的土坪下面搬运上来，几乎是不可能的事。至于说，围绕着房间并且仍旧与混凝土相连接的厚墙曾经被蚯蚓钻过洞，并因此而沉陷，后来被粪便所覆盖，这同样也是不可能的。所以，我起初得出结论，废墟上的全部细腐殖土是从田地的上部冲刷下来的。我们很快会看到，这个结论是错误的。

尽管我们都清楚，下大雨时，在目前田地的耕犁状况下，许多细土是从田地的上部冲洗下来的。

虽然混凝土的地坪最初似乎不曾被蚯蚓钻过洞穴，但是第二天早晨，发现了7个蚯蚓洞，被踏平的小块饼状土已经被蚯蚓推升了起来，到达洞穴的入口处。这些洞穴或是穿过了裸露的地坪的较软部分，或是穿过了嵌石的缝隙部分。第三天早晨，这样的洞穴共计有25个，突然揭开小块饼状土时，可看见有4条蚯蚓正迅速退缩。在第三个晚上，有两堆蚯蚓粪被排泄到地坪上来，而且这些都是挺大的粪堆。最近的天气又热又干燥，并不是蚯蚓活动频繁的季节，大多数蚯蚓都应生活在地下很深的地方。于是，我们挖了两道沟，在地表之下深30英寸到40英寸之处，看见不少敞口的洞穴和一些蚯蚓，再往下挖，它们就不多见了。但是在地表下48.5英寸及51.5英寸深处分别截断了一条蚯蚓。另外在57英寸和65.5英寸深处又分别发现一个用新鲜腐殖土作衬里的洞穴。再往下挖，就再也没有看见洞穴和蚯蚓了。

当我想知道，大约14英尺 ×9英尺大小的正厅地面下面究竟有多少蚯蚓栖息时，热情的法勒先生为我进行了持续7个星期的观察。当时正是那里的蚯蚓在靠近地表之处最活跃的时期。如果说是因为它们喜欢的地表腐殖土被清除掉了，蚯蚓才从毗邻的田块移入了正厅的小场所里来，这是绝对不可能的。所以，我们断言：在这7个星期中发现的洞穴及蚯蚓粪，都是本来栖息在这个场所的蚯蚓所为。现在我从法勒先生的笔记中摘录几段如下：

> 1877年8月26日，地坪被清扫后的第5天。昨晚降了一场大雨，雨水把地表冲洗得很干净，现在共计有40个洞穴口。混凝土的许多部分看来是坚固的，没有被蚯蚓钻过孔洞，并且此处有雨水积存着。
>
> 9月5日，可以在地坪表面看到昨晚蚯蚓留下的痕迹，而且有5～6堆蠕虫状蚯蚓粪已被抛上来。这些粪便的外表已被损坏。

9月12日，虽然有不少蚯蚓粪被排放在邻近的田地里，但在过去6天内，蚯蚓都是不活动的。可是在今天，洞穴口上的土却堆得高了一些，或者有10个新的洞口有粪便排出，这些粪便都已被擦损。当我们谈到一个新洞穴时，意味着一个老洞穴又重新打开了。甚至当无土可从旧穴中排出时，蚯蚓也仍然坚持重新挖开旧穴。它们这种固执的个性曾多次使法勒先生感到惊讶。我也常观察到同样的情况。不过一般说来，洞口会由于小砾石、树枝或叶子的积累而得到保护。法勒先生也观察到栖息于正厅地坪下的蚯蚓常在洞口周围搜集粗沙粒和它们所能找到的小石子。

9月13日，天气温和而潮湿。洞口重新被打开，在31个点上有蚯蚓粪排出，全部粪便都被擦损。

9月14日，34个新洞穴或蚯蚓粪，粪便全被擦损。

9月15日，44个新洞穴，只有5堆蚯蚓粪，全被擦损。

9月18日，43个新洞穴，8堆蚯蚓粪，全被擦损。此时，在周围田地上的蚯蚓粪已很多。

9月19日，40个洞穴，8堆蚯蚓粪，全被擦损。

9月22日，43个洞穴，只有一些新鲜蚯蚓粪，全被擦损。

9月23日，44个洞穴，8堆蚯蚓粪。

9月25日，50个洞穴，无粪堆数目记载。

10月13日，61个洞穴，无粪堆数目记载。

3年之后，在我的请求下，法勒先生再次观察了混凝土地坪，发现蚯蚓仍在工作中。

我知道蚯蚓肌肉的力量很大，又看见混凝土在许多部位都很松软，所以对于它们被蚯蚓所穿透，我并不感到奇怪。使我感到相当惊奇的是，法勒先生发现，房间厚墙的粗石之间的灰泥也被蚯蚓穿透了。8月26日，即废墟被扒开5天之后，他观察到在东墙（图8的W）的破裂顶端有4个开口的洞穴。9月15日，又看见位于类似位置的其他洞穴。还有一点应当记下的是，在沟的垂直边，比图8所示要深得多，可看到3个新洞穴，它们斜通下去，直到老墙的墙基之下。

这样我们才明白，在发掘的时候，就有不少蚯蚓栖息在正厅的墙和地坪下面，它们几乎每天都从很深之处把泥土运送到地表上来。自从混凝土充分腐朽到足以让蚯蚓穿透之后，蚯蚓就以这种方式进行活动，这一点是毫无疑问的。甚至在那之前，自从地坪开始渗雨，下面的土壤变湿之后，蚯蚓就已经生活在地坪之下了。可见，在地坪和墙壁之下，一定有蚯蚓在不断地钻洞穴。在许多个世纪或者一千年间，一定有细土不断地堆积在它们上面。如果地坪及墙下的洞穴曾经跟现在一样多，在长久岁月中并没有按照前文所述的方式而坍塌，则下面的土就会被小通道贯穿得像海绵似的。但情况并非如此，我们可以肯定，这些洞穴一定曾经坍塌过。在接连几个世纪当中，这种坍塌的必然结果就是地坪及墙体的逐渐下沉，并被埋没在积累起来的蚯蚓粪堆之下。当地坪仍停留在水平状态的时候，它的沉陷乍看起来是不可能的。但是，与散布在地表的松散物体的沉陷相比，这种沉陷并没有太大的困难。我们已经看到，松散的物体在几年之间便会埋没在地表之下达几英寸之深，这些物体也是处于水平状态，形成了与地表平行的水平层。我亲眼见到的，我家草地上经过铺砌的平坦小道的埋没就是类似事例。甚至在蚯蚓不能钻入的部分混凝土地坪之下，也几乎可以肯定，这里曾经被蚯蚓钻过洞穴，而且曾经沉陷过，正像利斯丘陵区及巨石阵的大石头那样，因为那部分地坪下的土壤已经潮湿了。但是不同部分的下沉速率，并不完全相同，地坪也并非完全处于水平状态。如图8的剖面所示，界墙的墙基离地表并不很深。所以，它们沉陷的速率与地坪的沉降速率几乎持平。但是，如果墙基曾经离地表很深的话，情况就不同了。正如下文要提到的某些罗马废墟的情况一样。

最后，我们可以推论，覆盖着这个别墅的地坪及破墙的细粒腐殖土，其厚度在有些部分可达16英寸，大部分都是由蚯蚓从地表下面运送上来的。从下文所列举的事实来看，可以毫无疑义地说，有些运送上来的最细粒土壤，每逢暴雨之后，一定会沿着倾斜地面被冲洗下去。如果未曾发生这种情况，那么积累在废墟上的腐殖土便应当比现在的要多。但是除了蚯蚓粪便、昆虫搬运上来的土，以及若干积累的灰尘之外，田地被耕种之后，也会有许多细土从田地上部被冲刷到废墟上，并且又从废墟被冲刷到斜坡的较低部分。目前的腐殖土厚度就是这几种因素综合作用的结果。

在这里，我再给出一个有关铺道下陷的现代例子。这个事例是英格兰地质调查所的所长拉姆齐（Ramsay）先生于 1871 年告诉我的。有一条长 7 英尺、宽 3 英尺 2 英寸的露天过道，从他的房屋一直通到花园。过道由波特兰石（Portland stone）的石板铺砌而成。在这些石板当中，有几块石板是 16 平方英寸大小，有几块比这大，还有些略小。沿着这条过道中央，铺道下陷了约 3 英寸，在两侧则下陷了 2 英寸。这一点可以通过水泥线看出来，石板最初是通过水泥与墙结合在一块的。这样一来，铺道中央便略显凹陷，但靠近房屋那一端则没有下沉。起初，拉姆齐先生无法解释这种下沉现象。后来，看到经常有黑色蚯蚓粪形成的腐殖土沿着石板之间的连接线被排放出来，他才搞清楚了这个问题。需要补充的是，这些粪便是定期被扫掉的。这几条连接线，包括与侧壁结合在一起的连接线，共长 39 英尺 2 英寸。从外表看来，这条铺道并没有被翻修过，尽管这间房屋是在大约 87 年前建成的。考虑到所有这些情况，拉姆齐先生确信，自从铺道被铺设以来，或者说，自从灰泥腐化引起蚯蚓钻穴后，在比 87 年短得多的时间之内，蚯蚓运送上来的泥土就足以使铺道下沉到上述的程度。但靠近房屋那一段是例外，因为下面的土壤始终保持在非常干燥的状态。

汉普郡（Hampshire）比尤利修道院（Beaulieu Abbey）

汉普郡比尤利修道院被亨利八世损毁，现在只剩下南侧走廊墙的一部分。人们认为，这位国王曾派人把大部分石头拆掉，可以断定这些石头已被搬走去建造另外一个城堡。不久前，通过发现的地基，才确定了修道院的中殿及教堂的十字形翼部的位置，已在那里竖立石碑作为标记。修道院的遗址现在成为一片整齐的草地，在各方面都与田地相似。看守人是一位高寿的男性。他说在他任内，地表从未弄平坦过。1853 年，巴克琉（Buccleuch）公爵曾派人在中殿西端的草炭地上挖了 3 个洞，洞与洞之间相隔几码。挖洞时发现了古老的镶嵌铺道，后来用砌砖将这些洞围绕起来，并用活动门板保护，目的是使铺道便于检查和保存。1872 年 1 月 5 日，我儿子威廉检查该地时，发现三个洞内的铺道分别位于四周有草炭覆盖的地表下面 6.75 英寸、10 英寸和 11.5 英寸的深处。这位看守人说他必须经常清理铺道上的蚯蚓粪便，大约 6 个月前，他就曾这样清理过一次。威廉从其中的一个洞采集了全部蚯蚓粪便，这个洞的面积为 5.32 平方英尺，粪重 7.97 盎司。假定这个数量是在 6 个月内积累起来的，那么在一年内，在一平方码上的积累数量就是 1.68 磅。这个重量是个大数目，但与我们已经看到田地及公地上排泄出来的蚯蚓粪重量相比还是很小的。1877 年 6 月 22 日，当我访问这个修道院时，这位看守的老人说，大约一个月以前，他曾清扫过这些洞口，但从那之后，又排泄出许多蚯蚓粪便来。老人表示自己经常清扫铺道，我有些怀疑，实际上并没有那么勤快。因为从几个方面来看，那里的条件都很不利于哪怕是中等份量的蚯蚓粪便的积累。这里的贴砖都比较大，约 5.5 平方英寸，贴砖之间的灰泥在大多数部位都是结实的，所以蚯蚓只在某些点位才能把泥土从下面运上来。这些贴砖都铺贴在一层混凝土上，所以，大部分蚯蚓粪便与杂质的比例为 19 : 33，杂质由灰泥颗粒、沙粒、岩石、砖或贴砖的小碎片所组成。这些杂质，蚯蚓是不喜欢的，而且没有什么营养。

我儿子在修道院古墙上的几个部位挖了一些洞，离上述贴砖的广场有几码远。尽管他十分了解在哪些部位可以找到它们，但他并未发现任何贴砖。但是，他曾在某处发现了垫过贴砖的混凝土，分布在几个洞的侧面。草皮下细腐殖土的厚度不等，约 2 ～ 2.75 英寸，它下面有一层厚度为 8.75 ～ 11 英寸，由灰泥碎片、石屑所组成，其间的缝隙填满了黑色腐殖土。在离修道院 20 码远的田地里，是细致的植物腐殖土，厚度达到了 11 英寸。

根据这些事实，我们可以得出结论，当修道院被毁，石头被搬掉时，在整个地表上留下了一层废弃物。一旦蚯蚓能够钻入被腐蚀的混凝土及贴砖之间的连接处时，它们就慢慢地用其粪便充满上面所覆盖废物之间的缝隙，蚯蚓粪便就会在整个地面上积累到接近 3 英寸的厚度。如果我们把石头碎片之间的腐殖土加到上述的总量，那么从混凝土或贴砖下面运送上来的腐殖土就会有 5 英寸或 6 英寸厚。其结果，混凝土或贴砖将几乎沉陷到接近这个量的深度。走廊的石柱基础，现在已经被腐殖土及草皮所埋没。蚯蚓是不可能钻到石柱之下的，因为其基础无疑放置得很深。如果基础没有下沉，那么石柱的石头一定是从地坪平面以下的土层被搬动过。

格洛斯特郡（Gloucestershire）的彻得渥斯（Chedworth）

1866 年在彻得渥斯发现了一座大型罗马别墅的遗址，这处遗址的年代已经无从考证。人们普遍认为，这里从不可考证的时代起，就被林木覆盖着。一位猎场的看守人为了抓到兔子，在这里挖洞时发现了部分遗址。[①] 在这以前，从来没有人认为这里会埋藏着古代建筑物。后来，在树林里的若干部位，发现了某些石墙的顶端，略突出于地表。在这里发现的大部分钱币，属于君士坦丁大帝（Constantine）及

① 关于这些废墟的若干说明已经发表，其中的佼佼者是詹姆斯・法勒先生的著作，见《苏格兰文物学家协会会刊》（*Proc. Soc. of Antiquaries of Scotland*），1867 年，第 6 卷，第 E 部分，278 页。格罗弗（J. W. Grover）也写了一篇文章，见《英国建筑协会月刊》（*Journal of the British Arch. Assoc.*）1866 年 6 月。巴克曼教授发表了一本小册子《彻得渥斯罗马别墅纪实》（*Notes on the Roman Villa at Chedworth*），1873 年第 2 版于赛伦赛斯特（Cirencester）。

其家族。为了探讨蚯蚓在这块广阔的遗址被埋没的过程中到底起了什么作用，我的两个儿子——弗朗西斯和霍勒斯，于1877年11月调查了这个地方。但是，当地的条件不利于做调查，因为废墟的三面被很陡的河岸围绕，每当下雨时，泥土便沿着河岸被冲刷下来。另外，多数古屋都有房顶遮盖，是为了保护雅致的镶嵌铺道。

关于废墟上的土壤厚度，可以列举出一些事实。紧靠着北面一些房子的外面有一堵破墙，墙的顶端覆盖着5英寸厚的黑色腐殖土。在墙外面挖了一个洞，发现这里的土从未被翻动过。这里有一层26英寸厚的黑色腐殖土，里面充满石头，位于未翻动过的黄黏土质的底土上。在离地面22英寸深处，还发现了一块猪下颚骨和一块铺砖碎片。当第一次挖掘时，有几棵大树生长在废墟上，把其中一棵树的残干直接放在了靠近浴室的隔墙上，为的是表明铺盖在那上面的土壤厚度，这里的土壤厚度为38英寸。在一个清扫后未盖屋顶的小房间里，我的两个儿子观察到一个穿过受风化的混凝土的蚯蚓洞穴，并在混凝土内发现了一条活蚯蚓。在另一个敞开的房间里，他们看见地板上有蚯蚓粪便。通过这种方式，地面上积累了一些泥土，现在这里已长出杂草。

怀特岛（Isle of Wight）的布拉丁（Brading）

1880年，在怀特岛的布拉丁发现了一幢雅致的罗马别墅。截至10月底，共清理房间18个以上，此处曾发现一个标有公元337年的钱币。在挖掘工作完成之前，我儿子威廉访问过此地。他告诉我，最初，大部分的地面上都覆盖着很多垃圾及落石，落石之间的缝隙完全被腐殖土填满。据工人说，没有落石的那部分腐殖土中有不少蚯蚓。覆盖整个地面的泥土大多数地方的厚度在3英尺到4英尺以上。在其中一个特大房间里，覆土只有2英尺6英寸厚。当把覆土去掉之后，发现在贴砖之间被抛出的蚯蚓粪便很多，以致地面几乎每天都要打扫，多数地面都很平坦。在破墙顶端的某些部位，覆土的厚度只有 4 英寸或 5 英寸，所以这里的墙有时会受到耕犁的撞击。在其他部位，覆土的厚度为 13 ～ 18 英寸。如果说这些墙的下面有蚯蚓在钻洞并且导致其下陷，这是不太可能的。因为这些墙的基础是硬度很大的红砂石，蚯蚓是几乎不可能在其中钻洞的。但是，在一个地下暖坑（Hypocaust）里，我儿子发现，坑壁石头之间的灰泥已被许多蚯蚓洞穴所穿透。别墅的遗址坐落在坡度约呈 3° 的坡地上，这块坡地好像曾被长期耕种过。所以，毫无疑问，一定有相当多的细土从田地上部被冲刷下来，很大程度上，加剧了这些遗址的埋没过程。

汉普郡的锡尔彻斯特（Silchester）

这个罗马小镇的废墟保存得比较好，英国其他这类遗址无法与之媲美。废墟的大部分，高 15 ～ 16 英尺，在它周边现在有约 100 英亩的耕地，周围有 0.5 英里破败的墙，耕地上建有一幢农庄及一个教堂。[①] 在过去，当天气干燥时，通过农作物的外观，可以探查到被埋墙壁的走向。最近，在乔伊斯（J. G. Joyce）牧师的监督下，惠灵顿（Wellington）公爵进行了大规模的挖掘工作，发现了许多大型建筑物。在进行挖掘时，乔伊斯先生仔细绘制了一些彩色剖面图，并测量了每层废物的厚度。承蒙他的盛意，把其中几张图的副本寄给了我，当我儿子弗朗西斯和霍勒斯探访这些废墟时，他又曾陪伴他们，并在他们的笔记中添加了他本人的注释。

乔伊斯先生估计罗马人居住在这个小镇大约有 300 年。毫无疑问，在这漫长的岁月中，一定有不少东西堆积在墙周围。这个小镇看起来

① 这些详情转录自《小百科全书》（*Penny Cyclopaedia*）中的“汉普郡”条目。

是毁于火灾。火灾后，用于建筑物的大多数石块被搬走。这些情况都不利于确定蚯蚓在废墟的埋没过程中所起的作用，因为在英国过去还很少或没有人做过有关覆盖古镇的废物的详细剖面图，所以我打算把乔伊斯先生所制作的某些剖面图中最有特色的部分临摹下来。但它们过长，无法在此作全面介绍。

横切会堂（Basilica[①]）的一个房间现称作商人厅（Hall of the Merchants），做了一个东西向的剖面，长 30 英尺（图 9）。这里的地面平坦，下面 3 英尺处发现了坚硬的混凝土地坪，地坪依旧覆盖着石块。在地坪上，有两大堆烧焦的木头，剖面图中只画出了其中一堆。这两大堆焦木上覆盖着一薄层腐蚀了的白色灰泥或墙粉，再上一层是残破的贴砖、泥灰、废物及细沙砾，共厚 27 英寸。从外观上看，它们曾被特别翻动过。乔伊斯先生认为，这石砾是用来制造灰泥或混凝土的。混凝土早就被腐蚀了，有些石灰可能已被溶解。废物堆呈现出曾被翻动的状态，可能是因为有人在其中寻找过建筑用的石块。这一层上面覆盖着 9 英寸厚的细粒植物腐殖土。根据这些事实，我们可以推断，这个厅曾毁于火灾。火灾当时，有很多杂物掉在地坪上，蚯蚓通过地坪，缓慢地把腐殖土从地下搬运上来，形成了今天平坦的地面。

会堂的另一个厅，厄拉里阿姆厅（Aerarium）长 32 英尺 6 英寸，其部分剖面见图 10。从这里的外观我们可以找到相隔一段时间发生两次火灾的证据。在两次火灾期间，积累了 6 英寸厚的“灰泥及带有破碎贴砖的混凝土”。在两层烧焦的木头的其中一层的下面，发现了珍贵的文物——一只青铜鹰，这说明士兵们一定是在慌乱中逃离此地的。由于乔伊斯已过世，我现在已无法确定在两层烧焦的木头中，到底是在哪一层下面发现这只青铜鹰的。据我推测，覆盖着未经翻动的石砾的瓦砾层，最初是地坪构成部分，因为它与厅墙外面走廊的地坪

① Basilica：古罗马的长方形会堂。——译者注

图 9 锡尔彻斯特的横切会堂中一个房间内的剖面图

图 10 在锡尔彻斯特会堂的一个厅的内剖面图

处于同一水平。但是在这里的剖面图中，走廊没有绘出来。腐殖土的最大厚度为 16 英寸，从有草覆盖着的土壤地表层到未被翻动的砾石层的厚度为 40 英寸。

图 11 的剖面表示在锡尔彻斯特中部所做的一个挖掘。据乔伊斯先生讲，这里的“肥沃腐殖土”层达到了 20 英寸的厚度，这一厚度非同寻常。砾石位于离地表 48 英寸的深处，还说不准这是否是它的自然状态，还是像在其他地方所发生的那样，是被运到这里又被夯实了。

图 12 的剖面图取自会堂中部，尽管它深达 5 英尺，但是尚未到达天然的底土。标有“混凝土”的一层可能有段时间曾是地坪，下面的几层似乎是更古老建筑物的遗迹，这里的植物腐殖土只有 9 英寸厚。我们同样可以证明，在有些未经临摹下来的剖面图里，一些建筑物曾被建在古建筑物的废墟上。其中有一部分分布着一层厚度不等的黄黏土层，位于两层建筑物残渣之间，下层的残渣位于带有镶嵌砖块的地坪上。这里的古老残破墙体，看来似乎曾一并被清理平整过，以便充当临时建筑物的基础。乔伊斯先生推测，其中有些建筑物可能是用枝条编成的窝棚，外面抹着黏土。这样就解释了上述黏土层的由来。

现在让我们把话题转向更直接的内容。在好几个房间的地坪上都可看到蚯蚓粪便，其中一个房间地坪的镶嵌块，还显得特别完整。这里的镶嵌块由 1 英寸见方的硬质砂岩制成，其中有几块已松动或略高出一般水平。在所有松动的镶嵌物下面，可以看到一个或偶尔两个敞开的蚯蚓洞穴，蚯蚓还钻进了这些废墟的古墙内。我们对发掘过程中刚露出表面的一堵墙做了检查。这堵墙由大块燧石构成，墙体的厚度为 18 英寸。它看起来很结实，把土壤从底部移开后，发现低处灰泥的腐蚀非常严重，以至于燧石由于自身的重量便掉了下来。在墙的中部，在旧地坪下面 29 英寸及地表下面 49.5 英寸深处，发现了一条活蚯蚓，这里的灰泥则被几道蚯蚓洞穴所贯穿。

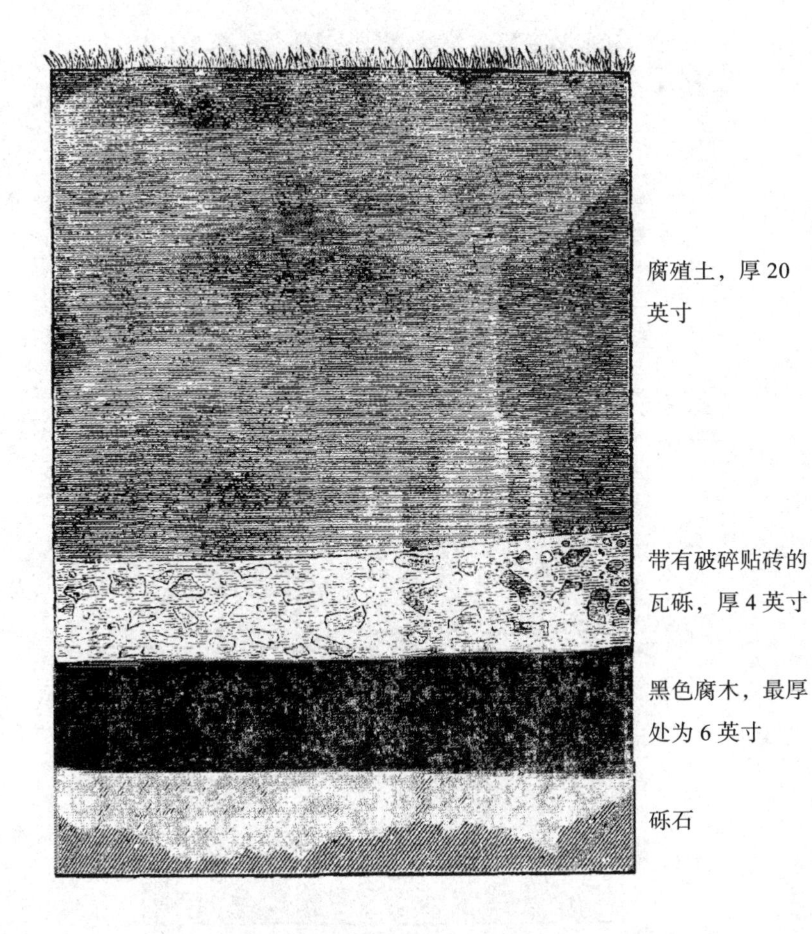

图 11 锡尔彻斯特中部一个建筑物区的剖面图

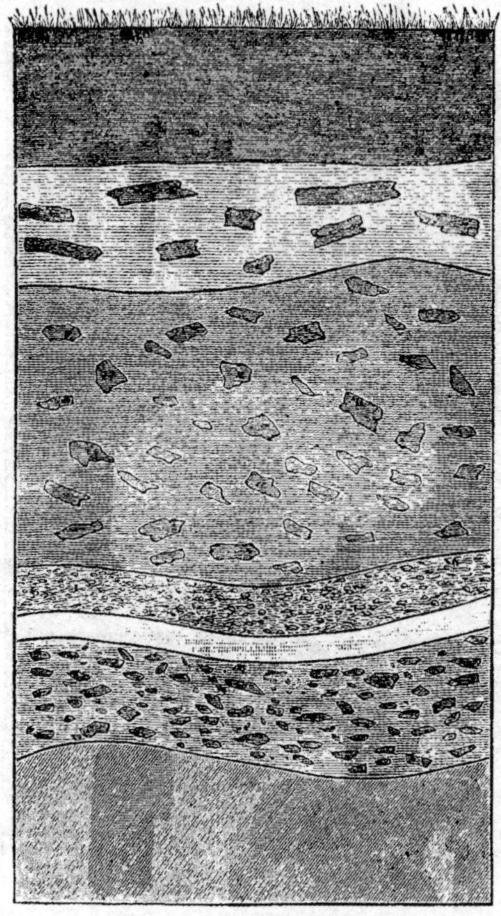

图 12　锡尔彻斯特横切会堂中部剖面图

第二堵墙刚露出来的时候，在其破碎的顶部，发现了一个敞开的洞穴。剥开燧石，这个洞穴被追踪到墙内部很深的地方，但是由于有些燧石粘得很牢，所以在推倒这堵墙时，整个堆砌物已被翻乱，从而无法把这个洞穴追踪到底。看似很结实的第三堵墙的基础，位于某一地坪下 4 英尺的深处，当然也就是位于地平面下更深的地方。在离墙基约 1 英尺的地方，从墙里拉出来一个大燧石，为此可花了不少力气，因为灰泥相当坚固。在墙中部的燧石后面，灰泥易碎，并且在这里有蚯蚓洞穴。乔伊斯先生和我儿子，对这里和其他几处的灰泥呈黑色，以及墙内有腐殖土存在的事实，都感到很惊奇。有些腐殖土很可能是古代建筑工人放在那里以代替灰泥的。可是，我们应当记住，蚯蚓常用黑色腐殖质来做洞穴的衬里。另外，可以肯定地说，在不规则的大燧石之间，偶然会留有空隙。我们可以确信，一旦蚯蚓钻入了墙壁，就会用自己的粪便填满这些空隙。沿着蚯蚓洞穴渗漏下去的雨水，也会把暗色土粒带到每个缝隙中去。对于我把全部工作归到蚯蚓一事，乔伊斯先生起初只是非常怀疑。可是，在笔记的结尾处，他提到了上述那堵墙，他说："这个事例，比任何其他事例都更使我感到诧异，同时使我更加坚信：我早就应当说，并且也的确说过，蚯蚓要钻进这样的一堵墙是相当不可能的。"

几乎在所有房间里，铺道都下陷得很厉害，尤其是中间部位的铺道，通过下面三个剖面图可以看出这一点。测量是通过在地坪上水平地拉紧一根线来进行的。图 13 是从北到南穿过一个房间的剖面图，此房间长 18 英尺 4 英寸，带有一条几乎完好的铺道，紧挨着"红木小屋"（Red Wooden Hut）。铺道的北半部下陷到地坪水平线之下 5.75 英寸，这部分地坪还紧靠着墙壁，这一下陷程度比南部要大。据乔伊斯先生说，全部铺道都明显下陷。在好几个部位，镶嵌块仿佛都从墙壁被剥离了一些似的，不过在其他部位，它们仍与墙壁紧密接触着。

在图 14，我们可以看到一个穿过某四方院子南走廊或回廊的铺砌地板的剖面图。这个遗址是在靠近"涌泉"（The Spring）的一次发

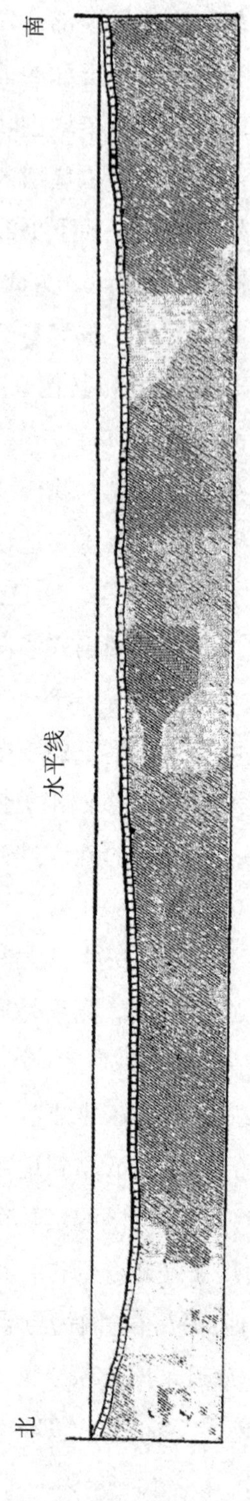

图 13　在锡尔彻斯特，用镶嵌块铺砌的一个房间的下陷地板剖面图

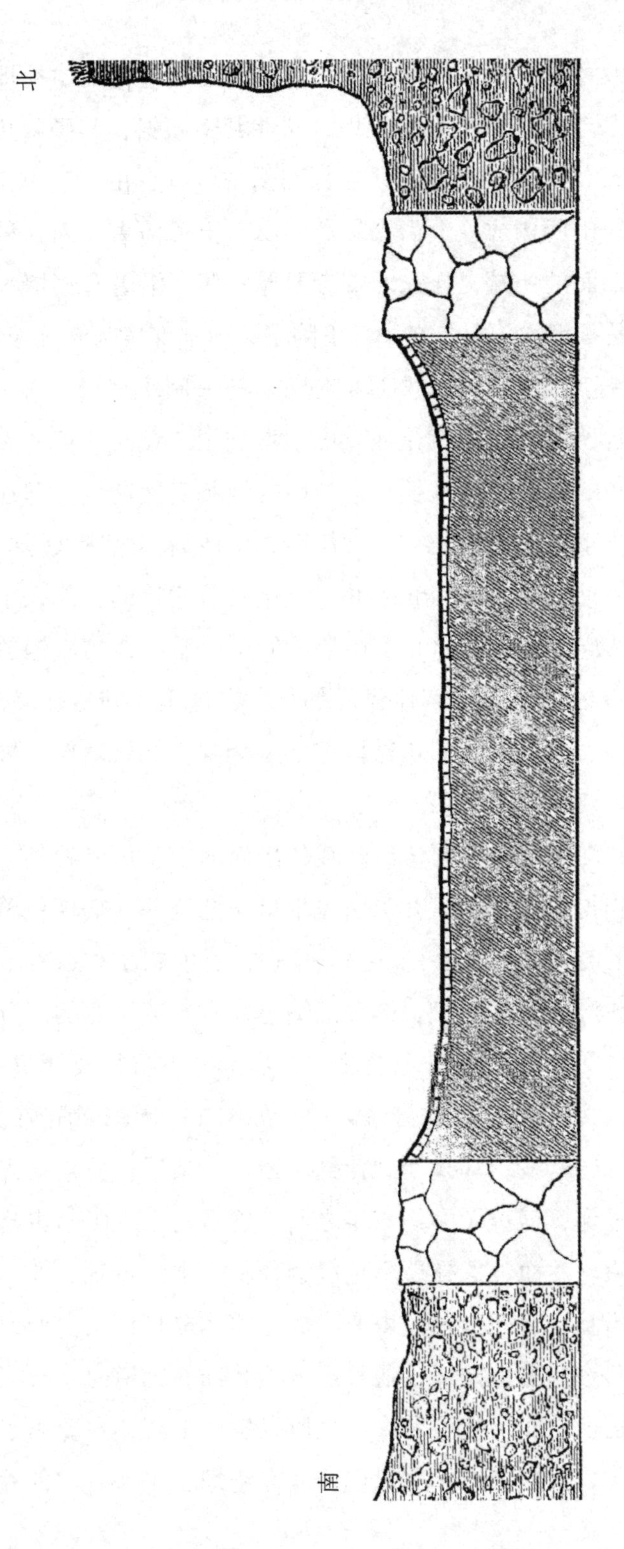

图 14 南北剖面图，其剖面穿过用镶嵌块铺砌的走廊的下陷地板。在倒塌的界墙外面，每边都绘有一小部分被挖掘的土地。镶嵌块下面的土质不详。锡尔彻斯特

掘中发现的。地坪宽 7 英尺 9 英寸，残破坍塌的墙壁仅高出地坪水平面 0.75 英寸。位于牧场内的这块土地，从北到南倾斜，其倾斜角度为 3°40′。离走廊两侧不远的土地性质在剖面图中可以看出，它由充满石头及其他残砾的土所构成，上面有深色的腐殖土覆盖着，而这种腐殖土在较低或靠南面的一端，比靠北端者要厚一些。沿着和边墙平行的线，铺道几乎是平坦的，只是在中部下陷了，下陷深度为 7.75 英寸。

离图 13 所指的那间房间不太远的地方，有一间小房子。房子南端曾被罗马占领者所扩大，也就是在宽度上增加了 5 英尺 4 英寸。为了扩建，这间房间的南墙曾被推倒，但旧墙的地基仍然留着，埋在被扩大的房间的铺道下面不深的地方。乔伊斯先生认为，这堵被埋的墙一定是在克劳迪厄斯二世（Claudius Ⅱ）统治之前建筑的，他死于公元 270 年。在附加的剖面图（图 15）中，我们可以看出，镶嵌铺道的下陷程度在被埋没的墙上面比其他部位都小。在这里，铺道轻微凸起，径直横穿过房间。为此，我们在这里挖了一个洞，结果发现了被埋没的墙。

在这三幅剖面图以及几幅未经转载的剖面图中，可以看到，古老的铺道已经下陷得相当严重。乔伊斯先生早先把这一下陷现象单纯地归因于土地的缓慢下沉。土地有一些下沉是十分可能的。在图 15 中我们可以看到，在房间南端的扩建部分的铺道，有 5 英尺宽的部分一定铺在新土地上，因为相比于古老的北端，这部分下沉得要严重一些。但是，这种下沉可能与房间的扩建无关。如图 13 所示，铺道的一半比另一半下沉得厉害些，却找不到什么原因。一条通往乔伊斯先生私人住宅的铺砖过道，铺设于大约 6 年之前，这里也出现了与古建筑物同样的下沉现象。然而，这样还不足以解释整个下沉过程。罗马建筑工人为了打好墙基，曾把土地挖得非常深，墙体厚且结实。所以很难令人相信，他们修建这些镶嵌、通常还做些装饰的铺道时，会无视铺道下面的土层是否结实。依我看来，之所以发生下沉，主要由于蚯蚓在铺道下钻洞穴。我们知道，这里现在应有蚯蚓在工作。即使乔伊斯

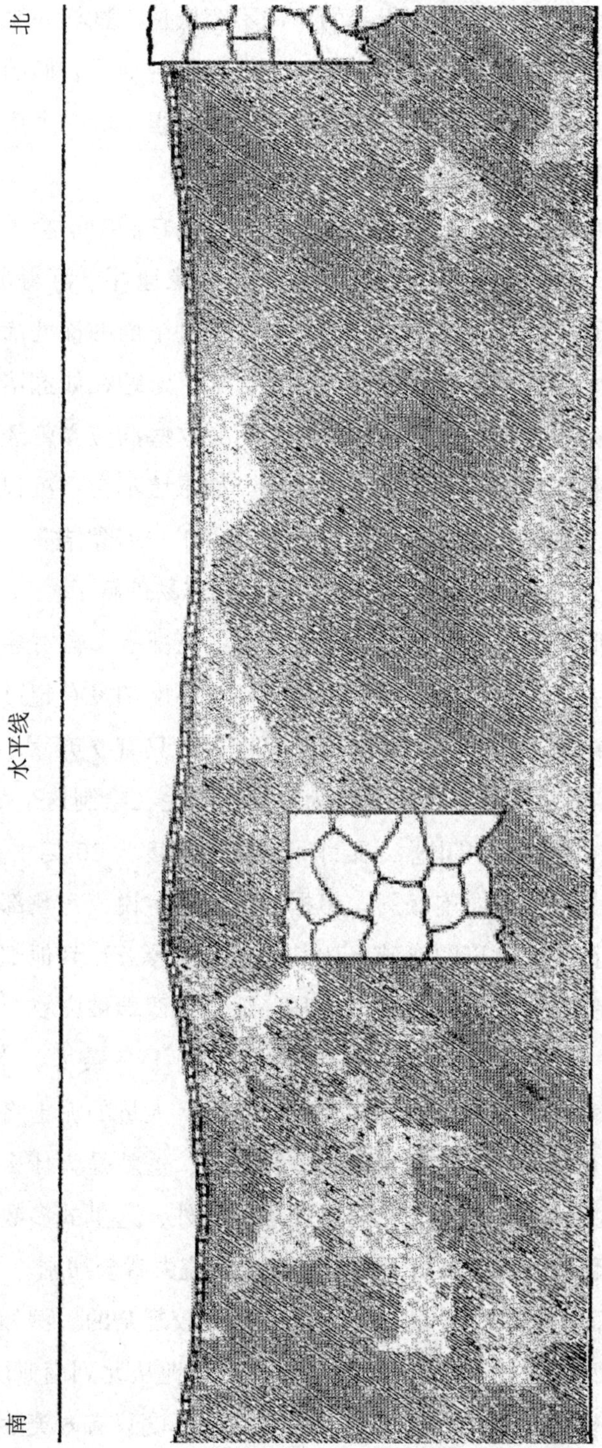

图 15 上面铺有镶嵌块的下陷地坪的剖面图，也是锡尔彻斯特一个房间的倒塌界墙的剖面图。这个房间过去也曾扩建过，现在还带有被埋没的旧墙基

先生最后也承认，蚯蚓钻穴所起的作用不容低估。这样一来，覆盖在铺道上的大量细腐殖土的由来便可得到解释。否则，它们的存在就无法解释。我儿子也曾注意到，在铺道下沉程度很小的一个房间里，上面堆积的腐殖土就非常少。

因为墙基一般都位于地下很深之处，所以它们绝不会由于蚯蚓的地下钻穴活动而下沉，即使会下沉，也不会像地坪下沉得那么严重。地坪下沉的原因，应当是蚯蚓并不经常在墙基下面的深处活动，更主要的应当是蚯蚓无法在墙内钻洞。反之，如果蚯蚓在如这堵墙般大小的一堆土里钻洞，那么，自废墟荒芜以后，这些洞应当曾经坍塌过多次，结果必然导致墙体有所收缩或下陷。如果墙不会下沉很多，或根本没有下沉，那么与墙直接相连的铺道，由于与墙黏结在一块，也就不至于下沉。这样，铺道目前的弯曲现象就容易理解了。

在锡尔彻斯特，最令我感到无法理解的情况是，自古建筑物荒废以来，已过去了几百年，上面积累的腐殖土厚度却没有超过目前观察到的厚度。在大多数地方，腐殖土的厚度大约只有 9 英寸，但在某些地方则为 12 英寸，甚至更厚。因为乔伊斯先生在绘制这个剖面图时，还没有特别注意到这个问题，图 11 所显示的厚度为 20 英寸。据描述，古墙所包围的土地略向南倾斜。但据乔伊斯先生说，有几部分是接近平坦的，而且看来这里的腐殖土比其他地方要厚。在其他部分，地表从西向东倾斜。据乔伊斯先生说，某一地坪在西端被废物及腐殖土所覆盖，厚度为 28.5 英寸，在东端的厚度只有 11.5 英寸。下大雨时，轻微的倾斜就会导致新鲜蚯蚓粪流失。这样，大量的泥土将最终涌到邻近的小溪及江河，并被河水带走。我相信，这就是为什么在这些古废墟上没有找到很厚的腐殖土层的原因。另外，这里的多数土地长期以来都被耕翻过，所以每当下雨时，细土的流失就会加剧。

有些剖面紧邻腐殖土的土层，性质是比较复杂的。例如，从某一牧草地的剖面（见图 14）我们可以看出，草地从北到南倾斜成 3°40′的角度。在较高部分，其上所覆盖的腐殖土厚度只有 6 英寸，在较低部分却达到9英寸。这层腐殖土位于一层“暗褐色腐殖土”上面。这层暗褐色土，在较高部分的厚度为25.5英寸。据乔伊斯先生说，有不少小圆砾及铺砖的碎块混杂其中，这些圆砾及铺砖的碎块呈现出一种被腐蚀或被磨损的外观。这种暗色土的状态与久经耕翻的田地类似。由于反复地翻耕，这种土便与暴露在风雨中的这些石头及各种碎块混合在一起了。如果在几百年的过程中，这种牧草地以及其他现在被耕种的田地，有时被犁耕，有时又被当作牧场使用，那么上述剖面图所示的那片土地的性质就容易理解了。在这种情况下，蚯蚓会不断把细土从下面运上来。而且不论何时，只要土地被耕种，这种细土就会受到犁的搅动。经过一段时间之后，细土就会积累到超过犁所能到达的厚度，在表层腐殖土下面将会形成与图14所示的25.5英寸厚的暗褐色土层。这个土层不久就会在较近的时间内被运送到地面上来，并且已经受到蚯蚓的充分筛选。

希罗普郡（Shropshire）的罗克塞特（Wroxeter）

尤里康纽姆（Uriconium）的古罗马城建于二世纪初期。据赖特（Wright）先生说，它可能毁于四世纪到五世纪中叶期间。当时的居民惨遭屠杀，在烧火供暖装置中还留有妇女的骸骨。1859年之前，该城留在地上部分的唯一遗迹就是高约20英尺的部分巨墙，周围的土地略有起伏并长期被耕种。人们已经注意到，在某些狭长地带，谷类作物成熟得较早。在某些地方，积雪不化的时间长于其他地方。据我了解，这些现象导致人们在此进行大范围的发掘，因此便出土了许多大建筑物的基础以及几条街道。被古墙包围的空地是一个不规则的椭圆形，长约1.75英里。用作建筑物的许多石头或砖块肯定已被搬走，取暖火炕、浴室及其他地下建筑物则基本完好，只是充满了石头、破贴砖、废物及土壤，各种房间的旧地坪上都有瓦砾覆盖。我急于想知道腐殖土及废物等覆盖物的厚度，它们曾长期把废墟隐藏起来。我曾向监督发掘活动的亨利·约翰逊（H. Johnson）博士请教，他极其诚恳地两次亲临该地，根据我的问题进行了检查，并且派人在 4 块迄今从未翻动过的田地中挖了许多沟渠。其观察结果已列于下表。他还寄给我腐殖土的标本，而且尽其所能回答了我的所有问题。

亨利·约翰逊博士对罗克塞特（Wroxeter）的
罗马废墟上植物腐疆土厚度的测量

在称之为“古工场”（Old works）的一块地里所挖的沟渠：

腐殖土厚度（单位：英寸）

1. 在 36 英寸深处，达到了从未翻动过的沙土 20
2. 在 33 英寸深处，达到了混凝土 21
3. 在 9 英寸深处，达到了混凝土 9

在称之为“商店牧场”（Shop Leasows）的一块地里挖了一些沟渠。这里是古墙以内最高的一块地，在近乎中央的地点向四周往下倾斜，倾斜角度为 2°。

腐殖土厚度（单位：英寸）

4. 田地顶端，沟深 45 英寸 40
5. 紧靠田地顶端，沟深 36 英寸 26
6. 紧靠田地顶端，沟深 28 英寸 28
7. 近田地顶端，沟深 36 英寸 24
8. 近田地顶端，沟的一端深 39 英寸，腐殖土在这里，渐变为垫于下面且未经翻动的沙土，其厚度为 24 英寸，这数字带有一些主观性。在沟的另一端，在仅 7 英寸的深处碰见一条堤道，这里的腐殖土仅厚 7 英寸 24
9. 紧靠前者的沟渠，深 28 英寸 15
10. 同一块田的较低部分，沟深 30 英寸 15
11. 同一块田的较低部分，沟深 31 英寸 17
12. 同一块田的较低部分，沟深 36 英寸，在此碰到了从未翻动过的沙土.... 28

13. 同一块田的另一部分，沟深 9.5 英寸，止于混凝土 9.5

14. 同一块田的另一部分，沟深 9 英寸，止于混凝土 9

15. 同一块田的另一部分，沟深 24 英寸，这时碰到了沙土 16

16. 同一块田的另一部分，沟深 30 英寸，这时碰到了石头；腐殖土在沟的一端厚达 12 英寸，在另一端厚 14 英寸 13

位于“古工场”和“商店牧场”之间的小块田地，我相信，这块地与上面提到的田地上部的高度一样：

腐殖土厚度（单位：英寸）

17. 沟深 26 英寸 24

18. 沟深 10 英寸，再往下，碰到了一条堤 10

19. 沟深 34 英寸 30

20. 沟深 31 英寸 31

古墙内，西侧的田地：

腐殖土厚度（单位：英寸）

21. 沟深 28 英寸，这时已经触及到了未曾翻动过的沙士 16

22. 沟深 29 英寸，这时已经触及到了未曾翻动过的沙士 15

23. 沟深 14 英寸，再下去碰到了建筑物...14

亨利·约翰逊博士曾把暗色和结构与下面的砂及碎石有明显区别的土认定为腐殖土。在他寄给我的样本中，其腐殖土与紧贴在老牧场草炭下面的腐殖土很相似。只有一点不同，它往往含有大得不能通过蚯蚓身体的小石子。但是上述沟渠都是在田地里挖掘的，没有一块位于牧场，而且全都是久经耕种的。如果我们还记得我在锡尔彻斯特那一章针对长期连续耕种的影响所做的评论，再结合蚯蚓搬运细土到表面的活动，那么，亨利·约翰逊博士认定的腐殖土看来就名副其实了。在下面没有堤道、地坪或墙壁的地方，腐殖土的厚度比在其他地方观察到的要大，在许多地方超过 2 英尺，在某个点超过 3 英尺。位于或靠近“商店牧场”田地的顶端，几乎是平坦的。在一小块毗邻的田地上，腐殖质土最厚。那小块毗邻的田地，在我看来，几乎与顶端一般高。前一块田的一侧呈 2°以上的角度倾斜。鉴于此，我认为，大雨冲刷下来的腐殖土厚度，其在低部位时一定比在高部位时要大。但是，在这里所挖的三条沟渠中，有两条沟的情形却不是这样。

在许多地方的地表下面，或有街道存在，或有古建筑物矗立着，这些地方的腐殖土厚度只不过 8 英寸。令亨利·约翰逊博士感到很惊讶的是，在犁地时，从未听说过有犁碰着废墟的事。他认为，当人们初次在这块地上耕作时，古墙也许被特意推倒，空穴也被填满了。情况或许是这样，如果在这座城市荒芜后，土地有几百年未被耕种过，这期间蚯蚓就会把大量细土搬运上来，废墟被完全覆盖。也就是说，废墟或许是因为蚯蚓在下面挖洞而早已下沉了。有些墙壁的地基，比如说那些约 20 英尺立在地表的地基，以及场地的地基，都被非同寻常地埋入了 14 英尺的地下深处。一般说来，地基是极不可能达到这个深度的。在这些建筑物中所采用的灰泥一定是上等品质的，在有些部分它还十分坚硬。亨利·约翰逊博士认为，凡是在视野之内的墙体，无论高低，都仍旧是垂直的。地基这么深的墙，不会有蚯蚓在它下面钻洞穴，因此也就不会下沉。这样的事例似乎在阿宾杰及锡尔彻斯特发生过。所以，要解释这些墙壁现在为什么完全被土所覆，就十分困难了。到底这种覆盖物含有多少腐殖土和多少瓦砾，我也不清楚。亨利·约翰逊博士认为，在地基深达 14 英尺的场地，其上面所覆盖的土的厚度在 6 英寸与 24 英寸之间。在高温浴室或一般浴室被埋入地下 9 英尺的残墙顶端，也被几乎 2 英尺的土覆盖着。有一个拱门顶端，这个拱门通向一个深 7 英尺的灰坑，覆盖在拱门上面的土，不超过 8 英寸。由此我们就推想，不管何时，当未下沉的建筑物被泥土覆盖时，要么上面的石头层在某个时候已被人搬运走，要么在下大雨或刮大风时，土壤从毗连土地上被冲刷或吹刮下来。这种情况在长期用于耕种的田地，尤其容易发生。在这几个例子中，我凭借地图及亨利·约翰逊博士所给予的资料来判断，毗邻的土地比上述的三个特殊位置要高一些。不过，如果一大堆碎石、胶泥、灰泥、木料及灰烬落在任何建筑物的遗址上，那么它们的长期分解以及蚯蚓的筛撒作用，最终会把整个遗址埋藏于细土之下。

结 论

本章所举例子说明，在英格兰的几个罗马古建筑及其他古建筑物的埋没及藏匿上，蚯蚓起到了至关重要的作用。毋庸置疑，土壤从邻近高地向下冲刷以及尘土的堆积，对古建筑的藏匿也起到了推波助澜的作用。灰尘容易在任何有残垣断壁露出地表的地方堆积，因为那里为灰尘提供了掩体。古老的房间、厅堂及过道的地坪一般都会下沉。这种现象的发生，部分是由于土地的沉降，但主要是由于蚯蚓在其下面钻洞穴造成的。这种下沉，一般在中间部分比靠墙部分要严重些。至于墙壁本身，只要它们的基础并不太深，都曾被蚯蚓穿入并且钻过洞穴，因此便下沉了。这样引起的不均等下沉，可以解释许多古墙上大裂缝的存在，以及古墙体由垂直变为倾斜的现象。

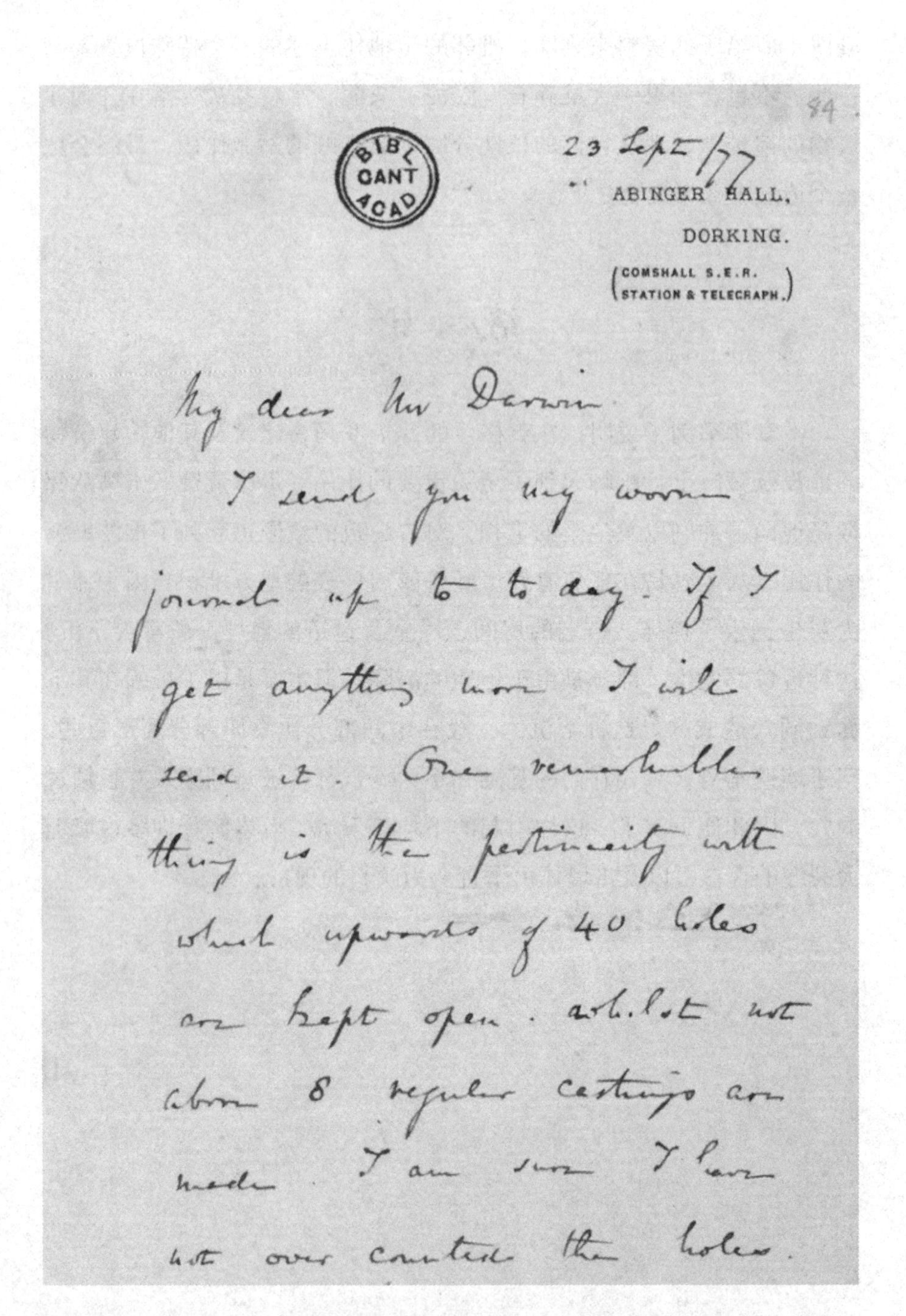

84

23 Sept /77

ABINGER HALL,
DORKING.
(GOMSHALL S.E.R.
STATION & TELEGRAPH.)

My dear Mr Darwin

I send you my worm journal up to to day. If I get anything more I will send it. One remarkable thing is the pertinacity with which upwards of 40 holes are kept open whilst not above 8 regular castings are made. I am sure I have not over counted the holes.

法勒（T. H. Farrer）从阿宾杰写给达尔文的信，谈到他观察到的蚯蚓活动。

第五章

蚯蚓在土地剥蚀中的作用

· Chapter Ⅴ. The Action of Worms in the Denudation of the Land ·

土地经受大量剥蚀的证据——地表的剥蚀——尘土的沉积——腐殖土，它的暗色以及细致结构主要归因于蚯蚓的活动——腐殖酸对岩石的分解作用——明显起因于蚯蚓体内的类似的酸——土壤微粒的持续运动助长了这些酸的作用——厚厚的腐殖土层能够阻碍下层土壤及岩石的分解——在蚯蚓砂囊内磨损或磨碎的小石粒——吞咽下的石子被用作磨石——蚯蚓粪便的磨碎状态——古建筑物上蚯蚓粪便中的砖屑被磨得滚圆——从地质学的观点来看，蚯蚓的磨碎力量并非毫不重要

人们普遍认为，在过去某个时代，我们的世界是由结晶岩石构成的，空气、水、温度变化、河流、海浪、地震及火山喷发的作用导致了结晶岩石的分解，才形成我们今天的沉积地层。这些沉积层经过固结，有时再结晶后，常常又会发生分解。剥蚀的意思就是这些被分解的物质转移到较低的水平面上去的过程。随着地质学的进步，在众多显著成果中，与剥蚀有关的成果显得最为突出。很久以前，人们就知道，地表上肯定发生过大量剥蚀现象。但是在仔细测绘出连续的地层之前，还无人能知晓剥蚀的程度到底有多大。在已经发表的最早和最优秀的有关这个题目的论文中，其中有一篇出自拉姆齐之手。他在1846年就指出，在威尔士，已经有9000～11000英尺厚的坚硬岩石，从乡村的宽广地带上剥落下来。关于这种巨大剥蚀的最明显的证据也许是断层及裂缝。[①] 它们横亘在某些区域，绵延好几英里，在断层或裂隙的一侧，地层高高耸起，甚至比对面的地层要高出10000英尺。在地表上又看不到这种巨大断层的痕迹。在断层的某一侧，有一大堆岩石已被剥平，而且片石不留。

大约在20年或30年前，多数的地质学家认为，海浪是产生剥蚀的主因。现在，如果我们把土地的整片面积加以考虑的话，我们确信空气和雨水，辅之以河流和溪流，才是更重要的因素。过去，人们认为，绵亘英格兰好几个区域的漫长峭壁线，一定是古代的海岸线。现在我们却认为，这些峭壁之所以仍然能够矗立在一般的地表之上，是因为它们在抵御空气、雨水及寒霜方面胜过与其毗连的地层。对于地质学家来说，关于某一争议很大的研究问题，单凭一篇论文就可以说服同行们，这是罕有的幸运。英格兰地质调查所的惠特克（Whitaker）

◀ 达尔文画像。（C. H. Jeens 画于1870年）

---

① 见《大不列颠地质调查报告》（*Memoirs of the Geological Survey of Great Britain*），1846，第1卷，297页，《关于南威尔士等地的剥蚀》（*On the Denudation of South Wales*）。

先生，恰恰是这样一位幸运的人。他就是靠1867年发表的论文《地表的剥蚀及上白垩纪悬崖及峭壁》而折服众人的。[①]在此论文发表之前，泰勒（A. Tylor）先生就列举了有关地表剥蚀的重要证据。他指出，河流搬运下去的物质总量，不用多少时间就必然会使其流域的高度降低许多英尺。从那时起，阿奇博尔德·盖基（Archibald Geikie）、克罗尔（Croll）等人以饶有趣味的方式，在一系列有价值的论文中，针对这一问题展开了激烈的辩论。[②]为了那些从未留意过这个问题的人们，这里姑且举一个简单例子，那就是有关密西西比河的例子。选择这个例子，是因为在美国政府的命令下，专家们对这条大河所搬运下去的沉积物总量曾经做过特别审慎的研究。据克罗尔先生说，研究结果表明，广阔的密西西比河流域内的平均高度每年下降$\frac{1}{4566}$英尺或每隔4566年下降1英尺。因此，按照最精确的估计，现在，北美大陆的平均高度为748英尺。在将来，整个大密西西比流域将被冲刷殆尽，“如果没有土地隆起的事发生的话，不到450万年，该流域将降低到与海面相平。”有些河流会运走相对于其容积来说要多得多的沉积物，有些则比密西西比河运走的数量要少得多。

跟水流一样，风也会带走已分解的物质。每逢火山喷发，大量岩石会变成粉末，因而四处飘散。在所有干燥地带，对这类物质的移动，风起着重要作用。被风吹起的砾粒对最坚硬的岩石也会起到磨损作用。我曾提到过，在一年的4个月里，有大量从非洲西北岸被风

---

① 见《地质学杂志》（*Geological Magazine*），10月与11月，1867年，卷4，447、483页。在这篇优秀论文中，可以找到有关此问题的丰富参考资料。

② 泰勒，《论海平面的变化》（*On Changes of the Sea-level*）等，见《哲学杂志》（*Philosophical Mag.*），（第4系列）卷5，1853年，258页。阿奇博尔德·盖基，《格拉斯哥地质学会会报》（*Trans actions Geolog. Soc. of Glasgow*），卷3，153页，1868年3月宣读。克罗尔，《论地质学年代》（*On Geological Time*），《哲学杂志》，1868年5月、8月及11月号。又见克罗尔，《气候与时代》）（*Climate and Time*），1875，第20章。关于河流运下的沉积物数量的最新报告，可参看《自然》（*Nature*），1880年9月23日。麦拉德·里德（T. Mellard Reade）曾发表过一些有趣的论文，谈及河流通过溶解方式运走的物质的惊人数量。见1876—1877年，《利物浦地质学会讲演集》（*Geolog. Soc. Liverpool*）。

刮起的尘土落在大西洋宽达1600英里的范围内。[①]从海岸算起，有300～600英里之遥。但是，也曾有人看到这些尘土竟落到离非洲1030英里的地方。我曾在佛得角（Cape Verde）群岛的圣杰戈（St. Jago）逗留过3周的时间。这段时间大气层几乎总是朦朦胧胧的，来自非洲的极细的尘土总是纷纷扬扬地落个不停。在落入离非洲海岸330～380英里的大洋中的尘土中，也有许多石屑，其大小约为0.001平方英寸。在离海岸较近的地方，由于有尘土落下来，可以看见水的颜色都因此大为改变，以致船舶驶过之后，在后面会留下一道轨迹。在有些地方，如佛得角群岛，既少雨又无霜，然而坚硬的岩石照样发生分解。根据著名的比利时地质学家科宁克（De Koninck）最近提出的观点，这种分解主要由于碳酸及硝酸，以及溶解于露水中的硝酸铵及亚硝酸铵的综合作用。

在所有的潮湿或适度潮湿的地方，蚯蚓通过几种途径来促成剥蚀作用。像地幔一样覆盖在土地表面的腐殖土，全部都通过蚯蚓的身体许多次。在外观上，腐殖土与底土的区别只在于：腐殖土呈暗色，而且没有大到不能通过蚯蚓消化道的石屑或石粒，在底土中却有大的石屑或石粒。如前所述，好多种钻洞穴动物，特别是蚂蚁，促成了土壤的这种转移。在夏季干旱期漫长之地，因为有从别处或从更为暴露场所吹来的尘土，遮蔽处的腐殖土数量必然会大大地增加。例如，有一次，刮到拉普拉塔（La Plata）平原上的尘土数量是如此之多。那里没有坚硬的岩石，结果在1827—1830年的“大旱灾”（gran seco）期间，这里未经明显圈围的土地外观完全改变了，以致当地居民无法辨认其私有地产的界限，并因此打起了没完没了的官司。大量尘土也曾被刮到埃及和法国南部。在中国，根据里希特霍芬（Richthofen）的看法，外观似细沉积物、厚达几百英尺、绵亘广大地区的土层乃源自从中亚

① 见1845年6月4日《伦敦地质学会会刊》（*Proc. Geolog. Soc. of London*），《关于经常落在大西洋船舶上的细尘土的解释》（*An account of the Fine Dust Which Often Falls on Vessels in the Atlantic Ocean*）。

高原刮来的尘土。[①]在像大不列颠这样潮湿的国家里，只要土地仍处于有植被覆盖的自然状态，任何地方的腐殖土几乎不会由于尘土而数量大增。但在目前情况下，靠近公路的土地，由于交通频繁，就必然会获得相当数量的尘土。在干燥而多风的天气里耙地时，还可看到大量的尘土被风刮跑。不过，在所有这些例子中，仅仅是表层土从一个地方被运到另一个地方而已。厚厚地落在我们室内的尘土，大部分由有机物质组成，如果铺展在土地上，它们迟早会腐坏并消失殆尽。不过，根据人们最近在北极雪地上的观察，好似有些来自天外的细小陨石尘粉正在持续降落到地球上。

普通腐殖土的暗色显然是由于其中含有腐坏着的有机物质，只是数量不多罢了。当把腐殖土加热到赤红，其重量的减少看来主要由于其所含的水分被排出所致。据测定，有机物质的数量，在某份肥沃腐殖土样本里，只有 1.76%；在某种人工配制的土壤里，高达 5.5%；在著名的俄国黑土中，则高达 5% 到 12%。[②]在单纯由于叶子腐烂而形成的腐殖土中，有机质的数量要大得多。在泥炭中，单纯碳的含量有时就高达 64%。对于这些事例，在这里我们不想多讲。土壤中的碳会逐渐由于氧化而消失，但在有水分积存，并且气候凉爽的地方，则有例外。[③]所以，在最古老的牧场里，并没有过量的有机物质，尽管植物的地下根茎和偶尔添加的有机肥在不断地腐烂。腐殖土在蚯蚓粪

① 关于拉普拉塔，可参看我在“贝格尔”号（Beagle）航行期间所写的《考察日记》（*Journal of Researches*），1845 年，133 页。博蒙特对有些地方被运送的大量尘土曾有过卓越的说明［见《实用地质学教科书》（*Lecons de Géolog. Partique*），卷 1，1845 年，183 页］。但我总觉得普罗克特（Proctor）先生对于像大不列颠这样潮湿的国家里尘土的作用的说法未免有些夸张，见《科学中的有趣方法》（*Pleasant Ways in Science*），1879 年，379 页）。詹姆斯·盖基曾对里希特霍芬的观点做了详尽摘录［见《史前欧洲》（*Prehistoric Europe*），1880 年，165 页］，不过他对其观点是有异议的。

② 这些资料均摘自冯·亨森在《科学杂志·动物学部分》（28 卷，1877 年，360 页）发表的论文。至于有关泥炭的资料则来自朱利恩（A. A. Julien）先生在《美国科学协会会报》（*Proc. American Assoc. Science*，1879 年，314 页）中发表的论文。

③ 在形成泥炭时所必需或有利的气候方面，我曾列举过一些事实，见我的《考察日记》，1845 年，287 页。

便中被反复运送到地表上来，很大程度上帮助了其中含有的有机质的消失。

另一方面，蚯蚓把数量惊人的半腐叶拖拽入深达三英寸的洞穴中，也大大增加了土壤中有机物质的分量。它们这样做，主要是为了获得食物，部分地是为了封塞洞口，并在其上部加衬里。它们食用的叶子先是被润湿，然后被撕成碎片，部分地被消化，最终与土壤深度混合在一起。正是这一过程使腐殖土一律呈现出暗色。我们都知道，植物的腐烂会产生各种酸，从蚯蚓的肠内物和粪便都呈酸性这一点来看，消化过程可能在被吞咽、磨碎和半腐烂的叶子中引起了某种类似的化学变化。由石灰质腺分泌出来的大量碳酸钙显然是用来中和因此而产生的酸。因为蚯蚓的消化液如果不呈碱性，就起不了消化作用。尽管蚯蚓肠子上部的内含物呈酸性，但这种酸性很难说是由于尿酸的存在而造成的。因此，我们可以得出结论，蚯蚓消化道里的酸是在消化过程中形成的。在性质上，这些酸可能与普通腐殖土或腐殖质中的酸几乎是一样的。人们都熟知，腐殖土及腐殖质都具有还原或分解过氧化铁的能力，凡是有泥炭覆盖红砂石之处，或烂根透入红砂石之处，都可看到这种现象。现在，我把几条蚯蚓饲养在一个花盆里，盆里盛的是由外面附有一层红色氧化铁的硅石微粒构成的极细红砂石。蚯蚓钻入这种砂子所形成的洞穴，像通常一样，用其粪便作衬里或覆盖。这种粪便由混合着肠分泌物和消化过的叶渣的砂子构成。这种砂子已经几乎全部失去了红色。把少量的这种砂粒放在显微镜下观察，可以看到大多数砂粒皆由于氧化物的分解而变得无色透明。取自花盆其他部分的几乎所有的砂粒，都被这种氧化物覆盖着。醋酸对这种砂粒几乎不起任何作用，即使是盐酸、硝酸及硫酸，像药物处方那样加以稀释后，其所产生的效力也比不上蚯蚓肠内的酸。

朱利恩（A. A. Julien）先生最近曾搜集过有关腐殖质产生酸的现存报告。据有些化学家说，这些酸的种类在 12 种以上。这些酸及其盐类（即钾、钠、铵盐）对碳酸钙及氧化铁都有强烈的作用。我们还知道，很早就被特纳德（Thenard）称为含氮腐殖酸的这类酸中，有些酸能够按其含氮比例溶解胶态二氧化硅。[①] 在这几种酸的形成上，蚯蚓可能提供了某种助力。因为亨利·约翰逊博士曾告诉我，通过奈斯勒试验，他在蚯蚓粪便中发现了 0.018% 的氨。

这里我再补充几句，最近吉尔伯特（Gilbert）博士曾告诉我："在他家几平方码面积的草坪上，先打扫干净，两三周后，把这块面积上的所有蚯蚓粪便搜集起来并进行干燥处理。结果发现，这些蚯蚓粪便中含有 35% 的氮。这比我们在普通可耕表土中所发现的氮含量要多出两三倍，也多于我们普通牧场表土所含的氮，但少于肥沃菜园腐殖土中的氮含量。假定每年在一英亩土地上所积累的干蚯蚓粪便为 10 吨，这就意味着每年在每英亩土地上施了 78 磅氮肥。如果种草时不施任何氮肥的话，这比每年每英亩所产干草的含氮量要多得多。显然，对于地表生长物或表土来说，如果蚯蚓粪便中的氮单纯地来自地表生长物或表土，那么就不算是获得了氮。如果氮只来自表土之下，那便算是获得了氮。"

正如我们方才说过的，根据朱利恩先生的最近观察，在蚯蚓体内消化过程中所产生的几种腐殖酸及其酸盐，似乎在各种岩石的分解中起着很重要的作用。人们很久就知道碳酸，当然还有雨水中的硝酸和亚硝酸，也有类似作用。在所有土壤中，尤其是肥沃土壤里，含有绝对超量的碳酸，这些碳酸都溶解在土里的水中。另外，萨克斯（Sachs）等人曾指出，植物的活根会迅速腐蚀，并在光滑的大理石、白云石及磷酸钙石板上留下它们的痕迹，它们甚至会侵蚀玄武岩及砂岩。[②] 对于与蚯蚓的活动完全无关的作用，这里我们不想更多赘述。

---

① 朱利恩，《论腐殖酸的地质学作用》（*On the Geological Action of the Humus-acids*），见 1879 年《美国科学协会会刊》（*Proc. American Assoc. Science*），28 卷，311 页。还有《论山顶上的化学侵蚀作用》，见《纽约科学院院报》（*New York Academy of Sciences*），1878 年 10 月 14 日，引自《美国博物学家》（*American Naturalist*）。关于这个题目，还可参考塞缪尔·约翰逊著《作物如何摄取营养》（*How Crops Feed*），1870 年，138 页。

② 关于这个题目，可参考塞缪尔·约翰逊著《作物如何摄取营养》，1870 年，326 页。

因为搅拌可以不断产生新的接触面，搅拌能大大加速酸碱的中和作用。在消化过程中，这种化合会受到蚯蚓肠内小石粒及小土粒的巨大影响。值得重视的是，在几年的时间里，覆盖在每块田地的全部腐殖土都会通过蚯蚓的消化道。另外，当老洞穴慢慢损毁，新鲜的蚯蚓粪便又不断运上地表面时，整个腐殖土的表层就慢慢循环起来。粒子之间彼此的摩擦会分解物质最精细的膜，刚一形成就被摩擦掉。通过这几条途径，多种岩石的细屑，以及土壤中的单纯粒子，就会不断进行化学分解，结果土壤的总量便有增多的趋势。

因为蚯蚓用其粪便为其洞穴作衬里，并且其洞穴会深入地下五六英尺，甚至更深，结果就会把少量腐殖酸带到下面，与下面的岩石及岩屑发生化学反应。这样一来，如果不对土壤表层进行清理，土壤的厚度就会稳定但缓慢地增加起来。不过再过一段时间之后，土壤的这种积累就会延缓下面岩石及更深处的颗粒的分解。因为主要产生于上层腐殖土的腐殖酸类都是极不稳定的化合物，所以它们在尚未达到相当深度时就易于分解。[①] 覆盖在上面的厚层土壤对其下层土也起到保温作用。在寒冷的地方，它还可以消除霜的强大影响，阻挡空气的自由进入。鉴于上述原因，如果覆盖着的腐殖土，由于没有或很少有土壤从其上面被移去，使腐殖土的厚度大大增加，分解便几乎会停止下来。[②] 在我的近邻，我们获得了一个少有的证据，说明几英尺的黏土如何有效阻止了发生在露天燧石上的某种变化。因为搁置在耕地表面一段时间的大燧石已不能用作建筑材料，它们不会完全顺着纹理

---

① 这段叙述引自朱利恩先生的著作，见《美国科学协会会刊》，1879年，28卷，330页。

② 腐殖土及草炭层的保护作用，常常可以从初次出土的岩石上的冰川抓挖的完整状态看出来。詹姆斯·盖基先生在他饶富趣味的近著［见《史前欧洲》（*Prehiseoric Europe*），1881］中声称。这些很完整的擦痕可能是由于在长期连续和间歇冰期寒冷的最后到达以及冰块的增加而形成的。

裂开，用工人的话来说，它们在那里等着损坏。[①] 因而需要从被雨水溶解后覆盖的白垩残骸上的红黏土层中或从白垩中，寻找建筑用的燧石。

蚯蚓不但直接有助于岩石的化学分解，而且有充分理由相信，它们也以直接而机械的方式对较小的颗粒起作用。所有吞食泥土的蚯蚓物种都具有砂囊。这些砂囊都衬以一层很厚的几丁质膜，所以佩里埃把它叫作“一个名副其实的骨架”。[②] 砂囊周围是强有力的横肌。据克拉帕雷德说，这种横肌在厚度上约为纵肌的 10 倍。佩里埃看见它们能有力地收缩。属于双肠蚓属（*Digaster*）的蚯蚓有两个独特但又完全相似的砂囊。在另一属——链珠肠蚓属（*Moniligaster*），蚯蚓的第二个砂囊由首尾相连的4个袋状物组成，所以可以说它具有5个砂囊。[③] 家禽和鸵鸟都靠吞食石子来帮助磨碎食物，看来陆栖的蚯蚓也采用这种方式。我们曾对 38 条普通蚯蚓的砂囊进行了解剖，结果在 25 条蚯蚓的砂囊中发现了小石子或砂粒，有时还夹带有在前石灰质腺内形成的坚硬钙结石，另外两条只有结石。在其余蚯蚓的砂囊中则没有发现石子，但其中有些并非真正的例外，因为砂囊是在晚秋被解剖的，这时蚯蚓已停止进食，其砂囊是全空的。[④]

当蚯蚓在含有很多小石子的泥土中钻洞穴时，不可避免地会吞下许多小石子。但却不可据此便推测，这个事实就是其砂囊中经常存在砂、石的原因。在地表土上，在饲养蚯蚓并且蚯蚓曾钻过洞穴的花盆

① 许多地质学家对于广阔而近乎平坦地面上的燧石的完全消失感到十分惊讶。这种地面上的白垩已经由于地表的剥蚀而化为乌有。每个燧石的表面都被不透明的变化层包裹着，这个变化层只会在坚硬的尖端物体的敲击下破裂，而新裂开的透明表面就不会这样。大气因素对露天燧石外面包裹着的变化层的清除（当然这个过程是极其缓慢的），以及深入内部的变化，最终将导致燧石的彻底崩解，尽管看起来它们是很耐久的，说起来，也许有人不相信。

② 见《实验动物学丛刊》，1874 年，第 3 卷，409 页。

③ 见《博物馆新集刊》（*Nouvelles Archives du Museum*），1872 年，第 8 卷，95 页及 131 页。

④ 在谈到蚯蚓消化道中的土时，莫伦说它是被可见的小石混合物包围起来的。见《陆栖蚯蚓志》，1829 年，16 页。

里，曾撒布过玻璃珠、砖屑及硬瓷砖屑，结果蚯蚓就会大量拾起并吞下这些小珠及碎屑，最终在蚯蚓粪便、肠子及砂囊中找到了它们。蚯蚓甚至还吞食瓷砖被碾碎后形成的粗糙红土。我们也不应据此认为，它们错把珠子和碎屑当作食物，我们已经知道它们的味觉是很灵敏的，足以辨别不同的叶子。所以，很明显，它们是为了某种特殊目的去吞食坚硬物体，如碎石、玻璃珠和带棱角的砖屑或瓷砖屑。毫无疑问，这些东西都有助于它们的砂囊去压碎及磨碎大量吞食的泥土。为了压碎叶子，这类硬东西也不是必需的，这一点可以从下述事实推知。生活在泥浆或水中的某些蚯蚓品种，以枯死的叶或鲜叶为食，它们不吞土也没有砂囊，[①] 因而也就不能利用石子。

在研磨过程中，土粒必须互相摩擦，并在石子与砂囊的坚韧衬膜之间研磨。于是，较软的颗粒会受到一些磨损，甚至被压碎。刚排出的蚯蚓粪便的外观，证明这一说法是有道理的，这些鲜粪便经常使我回忆起刚被工人用两块平板石所磨出的涂料的外观。莫伦说，蚯蚓的肠道里“充满着细致而宛若化为尘埃的土”。[②] 佩里埃也说，蚯蚓的肠道“具有极细致的黏质状态，这是由它们排出的粪土所造成的”。[③]

土粒在蚯蚓砂囊中的磨碎程度，具有某种重要性。这一点，在后面我们会明白。我曾认真检查过蚯蚓消化道内的许多碎屑，以获得这方面的证据。对于生活在自然环境里的蚯蚓来说，不可能了解碎屑在被吞下之前受到了多少磨损。不过有一点很明显，即蚯蚓并不总是挑选已经被磨圆的颗粒，因为在其砂囊或肠道里常可见到锋利的燧石及其他坚硬的岩石碎块。有三次，甚至在上述部位发现过玫瑰茎上的尖刺。饲养在花盆里的蚯蚓，还反复吞食了硬瓷砖、煤、煤渣的带角碎片，甚至是最锐利的玻璃碎片。家禽及驼鸟把同样的石子长期保存在其砂囊里，石子在那里变得很圆。但对于蚯蚓却不是这样，因为在蚯

① 佩里埃，《实验动物学丛刊》卷 3，1874 年，419 页。

② 莫伦，《陆栖蚯蚓志》，16 页。

③《实验动物学丛刊》，卷 3，1874 年，418 页。

蚓的粪便及肠子里，一般都能见到大量的瓷砖碎屑、玻璃珠子、石子等。所以，除非相同的碎片反复通过其砂囊，否则很难看到碎屑有什么磨损的痕迹，也许对很软的石子是例外。

现在我将谈谈我所能搜集到的有关磨损的证据。从覆在白垩上面的薄层腐殖土中挖出来一些蚯蚓的砂囊，通过显微测定，里面有许多溜圆的白垩小碎片，还有陆栖软体动物介壳的两块碎片。后来，这些介壳片不但变圆，而且多少有点儿被磨光的外观。在石灰质腺内形成的石灰小体常存在于砂囊、肠子里，偶然也存在于蚯蚓粪便中。当其体积大时，有时看来也是圆的。对所有石灰小体来说，其圆的外表，可能部分或全部是由于碳酸及腐殖酸的腐蚀而形成的。在一个靠近温室的我的菜园里采集到几条蚯蚓，在它们的砂囊内曾找到 8 块小煤渣碎片，其中有 6 块看来有点儿圆，有两小块砖屑也是这样，但其他几片则根本不圆。

靠近阿宾杰会堂的一条农村大路，在 7 年前就被约 6 英寸厚的砖屑覆盖着。在道路两旁的砖屑上，覆盖着宽达 18 英寸的草炭，在草炭上则有数不清的蚯蚓粪便。其中有些蚯蚓粪便由于有大量砖尘的存在而呈现均匀的红色，并且含有许多直径为 1 ～ 3 毫米的砖粒及硬灰泥粒，其中大部分颗粒显然是圆的。但是在受到草炭覆盖和被吞食之前，所有这些颗粒可能已经是圆的，就像那些位于寸草不生、磨损严重的公路上的颗粒一样。7 年前，牧场上有一个洞穴曾经充满了砖屑，现在则被草炭覆盖着。这里的蚯蚓粪便中含有的大量砖粒，也或多或少是圆的，可是被抛到洞内的其他砖屑则没有受到什么磨损。另外，人们曾用稍微有点破损的旧砖，外加灰泥碎屑，铺成人行道，接着又覆以 4 ～ 6 英寸的石砾。后来，从采自这些人行道上的蚯蚓粪便里挑出 6 小块碎砖屑，其中有 3 块显然已受到磨损。粪便中还有非常多的硬灰泥颗粒，其中约有一半是溜圆的。如果说仅仅在 7 年过程中，这些颗粒就因为碳酸作用腐蚀到这样的程度，这话是不可信的。

在古建筑物遗址上的蚯蚓粪便中，瓷砖或砖以及混凝土呈小碎片的状态，更有力地证明硬物体在蚯蚓砂囊中受到了磨损。因为覆盖田地的所有腐殖土，每隔几年便通过蚯蚓身体一次。在几百年的时间里，同样的这些小片有可能被吞与被运到地表许多次。应当先说明一下，在下面几个事例中，都是先洗去了蚯蚓粪便中较细的物质，接着便不加挑选地收集了粪便中的砖、瓷砖及混凝土的颗粒，最后加以检查。在阿宾杰的罗马别墅，一块被埋入地坪的嵌石缝中间发现的蚯蚓粪里，有许多瓷砖及混凝土颗粒，直径 0.5 ～ 2 毫米，单凭肉眼或高度透镜也看不出。如果说它们全部受到什么磨损，还不敢轻易下结论。我这样说，是因为我看见那些罗马砖块被水磨蚀成小卵石。这些卵石承蒙索绪尔（M. Henri de Saussure）寄给我，采自日内瓦湖岸积累起来的沙及石砾层，那时候湖水高出现有水平约两米。出自日内瓦最小的水磨小砖粒与取自蚯蚓砂囊的许多水磨小砖粒十分相似，只是前者较大的颗粒要光滑些。

最近在布拉丁发掘出来的罗马别墅大房间地坪上，发现了 4 堆蚯蚓粪便，含有许多瓷砖或砖、灰泥、硬质白水泥的小颗粒，其中大多数看来显然受到了磨损。不过，灰泥颗粒受到的腐蚀似多于磨损，因燧石表面是凸的。来自亨利八世所毁的比尤利修道院本堂内的蚯蚓粪便，采自广阔的平坦草炭，它覆盖着被埋没的已有蚯蚓穿过的镶嵌铺道，这些蚯蚓粪便含有无数的瓷砖及砖、混凝土与水泥小颗粒，其中大多数显然已受过或多或少的磨损。此外，粪便中还有许多尖端已变圆的云母小薄片。在所有这些事例中，相同的小碎片可能已经好几次通过了蚯蚓的砂囊。如果我们不考虑这些可能性而否定上述假设，我们就必须另行假设。在所有上述事例中，蚯蚓粪便中的许多圆碎片在被吞食之前，全部都意外受到了严重的磨损，不过这种情况不常发生。

必须指出，被饲养的蚯蚓仅有一次吞食了装饰用的花砖碎屑，这种花砖比普通瓷砖或砖块稍硬，除了一两片最小的颗粒是圆的，其他碎屑根本就不是圆的。尽管不是圆的，其中一些碎屑的外观看似有些许磨损。即便有这些情况，如果我们分析一下上述证据，就会相当肯定地说，那些蚯蚓砂囊中起到磨石作用的碎片，当它们不很坚硬时，会受到某种程度的磨损。蚯蚓经常大量吞食泥土，泥土中较小的颗粒会与磨石一块受研磨，被磨碎。如果这种说法正确的话，那么蚯蚓粪便的主要成分："稀薄的土"（terra tenuissima）和"极细的泥土"（pate excessivement fine）的形成应当部分地归功于砂囊的机械作用；[①]而这种细致物质，我们在下章将谈到，就是下大雨时从每块田上大量蚯蚓粪中被冲洗掉的主要成分。

如果根本不存在较软的石子了，那么，较硬的石子就会受到轻微的磨损及破裂。乍看起来，小石粒在蚯蚓砂囊中的磨碎作用似乎不怎么显著，但从地质学的观点来看，却相当重要。索比（Sorby）先生曾明确指出，普通的分解手段，如流水及海浪，随着岩石屑愈小，对岩石屑的作用力也愈轻。据他说，"即使根据表面内聚力，水流不会给极小的颗粒造成超常浮力，磨损对颗粒外形的影响，也必然会随其直径等而发生直接的变化。如果是这样，直径为 0.1 英寸的颗粒所受到的磨损将 10 倍于直径为 0.01 英寸的颗粒，至少 100 倍于直径为 0.001 英寸的颗粒。这样，我们也许可以作结论说：直径为 0.1 英寸的颗粒，在漂浮 1 英里的过程中所受到的磨损，将相同或较多于 0.001 英寸的颗粒漂浮 100 英里时所受到的磨损。同理，直径 1 英寸的小圆石虽然仅漂浮几百码，所受到的磨损也会比较严重。"[②]在考虑蚯蚓在磨损岩石颗粒方面所起的作用时，我们也不应忘记，有确凿的证据表明，在每英亩足够潮湿，又不含太多沙、石砾或岩石而适于蚯蚓栖息的土地上，每年都有 10 多吨泥土通过其身体被运送到地表面上来。对于像英国国土面积这般大小的国家来说，在地质意义上不太长的时间内，比

① 这个结论使我回想起位于多环礁泻湖内大量极细致的白垩质淤泥。在该处，海是平静的，珊瑚团块绝不会由于波浪而受到磨损。我想，这种白垩质淤泥的产生是归因于［见《珊瑚礁的构造与分布》（*The Structure and Distribution of Coral-Reefs*）第 2 版，1874 年，19 页］往死珊瑚内钻洞穴的大量环节动物及其他动物，以及以活珊瑚为食的鱼类及海参等。

② 《地质学会季刊》（*The Quarterly Journal of the Geological Soc.*）周年纪念词，1880 年 5 月，59 页。

如说100万年内，上述结果却不应忽略。因为10吨土首先得乘以上述年数，再乘上有蚯蚓存在的众多的英亩数。据统计，在英格兰和苏格兰，被耕种并且极适于蚯蚓生活的土地面积，在3200万英亩以上。这样一来，这乘积就是3.2亿吨泥土了。

这幅 1881 年的漫画，讽刺达尔文对人类祖先和对蚯蚓的观点。

第六章

土地的剥蚀（续）

· *Chapter* Ⅵ. *The Denudation of the Land—Continued* ·

由最近排出的蚯蚓粪便沿着倾斜的草地表面流动辅助的剥蚀——每年流下来的土量——热带降雨对蚯蚓粪便的影响——细小土壤颗粒完全从蚯蚓粪便中被冲洗掉——干蚯蚓粪便化解为小丸粒，沿着倾斜地表向下滚动——山坡小土堆的形成，部分原因是分解的蚯蚓粪便的堆积——在平地上被吹向背风方向的蚯蚓粪便——尝试估算这样被吹走的蚯蚓粪便总量——古代军营和坟墓的剥蚀——在古代耕地上保存着的圆顶和犁沟——白垩岩层上腐殖土的形成和总量

本章开始探讨蚯蚓在土地的剥蚀过程中所起的更为直接的作用。以前我也和别人一样，当考虑到地面剥蚀时，总觉得那些几乎呈水平或倾斜度极小并且被草炭覆盖的地表土，即使经过漫长岁月，也不会有什么损耗。众所周知，雨水或水龙卷造成的水灾偶尔也会把全部腐殖土从非常平缓的斜坡上冲刷走。我在考察格伦罗伊（Glen Roy）那里被草炭覆盖的陡峭斜坡时，感到非常惊讶的是，自从冰河期以来，此类事件的发生是极其罕见的。从三条依次连通的“道路”或湖边的良好保存状态来看，这一点显而易见。人们很难相信从坡度极小、又有植被覆盖、盘根错节的地表会失去大量的泥土，但是一提起蚯蚓所起的作用，他们就会茅塞顿开。因为下雨时以及大雨前不久，被排到地面的许多蚯蚓粪便会沿着斜坡表面向下作短距离的流动。此外，许多被磨碎的细小泥土会全部从蚯蚓粪便中被冲刷走。当天气干旱时，蚯蚓粪便经常会崩解为小圆颗粒，而这些小圆颗粒由于自身的重量常常沿着所有斜坡往下滚动。如果这种滚动是由于风的吹动，偶尔也有可能由于小动物的碰触，那么这一情形就更容易发生。我们也会看到，当蚯蚓粪便柔软时，甚至在平坦的田地上，一阵强风也会把所有蚯蚓粪便吹向背风的一侧。当小圆粒干燥时，也会发生同样的情形。如果风向与蚯蚓粪便所覆盖表面的倾斜方向相同时，就会大大加速蚯蚓粪便的向下流动。

下面有必要针对上述几种说法提供详细的观察记录。刚刚排出的蚯蚓粪便是黏稠和柔软的，遇到下雨时（蚯蚓非常喜欢在下雨天排便），蚯蚓粪便会更柔软。我猜想，在这种天气下，蚯蚓一定喝了不少水。不管怎样，如果阴雨连绵，即使雨下得不太大，都会使新排出的蚯蚓粪便成为半流体状。在平坦的地表上，粪便会展开成薄薄的、圆圆的、平滑的盘状物，正如等量的蜂蜜或很软的胶泥一样，粪便的

◀ 达尔文的妻子埃玛坐在窗前给孩子们读书。

蠕虫状结构消失得不留一点痕迹。后来，当蚯蚓钻入这些平而圆的盘状物，并在其中心堆积起蠕虫状的新鲜粪便时，上述事实就很明显了。在许多地方的各种土地上，大雨之后，这些平而下陷的盘状物屡见不鲜。

湿蚯蚓粪便的流淌，以及分解的干蚯蚓粪便沿倾斜地表滚下

大雨时或下大雨前不久，蚯蚓在倾斜的地表面排粪便时，粪便会沿着斜坡往下滚动。1872 年 10 月 22 日，在长年被粗草覆盖的诺尔公园（Knole Park）内的一些陡坡上，下了几天雨后，我发现，许多蚯蚓粪便几乎全部都沿着斜坡面被大大拉长了，而且它们都由光滑而稍带锥形的团块组成。无论何时，只要能找到有粪便从里面排出的洞穴口，就会看到洞口下面的粪便多于洞口上面的。1872 年 1 月 25 日，下过几次暴风雨之后，我曾造访了靠近唐恩村的两块相当陡峭的倾斜地。这两块地过去被耕翻过，现在长着一层稀疏的芳草，有许多蚯蚓粪便沿着斜坡往下扩展到 5 英寸的长度，是同一田地内平坦部分上排出的蚯蚓粪便直径的 2 倍或 3 倍。在霍尔伍德公园（Holwood Park）内，与地平线的倾斜角为 8°～ 11° 30′被细草覆盖的坡地上，显然未被人翻动过，蚯蚓粪便的数量异常地多。在一块横长 16 英寸、纵长 6 英寸的斜坡地上，在草丛之间均匀而密密地覆盖着一层汇合而沉积的蚯蚓粪便。公园内很多地方的蚯蚓粪便已经顺斜坡流淌下去，形成平滑而狭长的泥土“补丁”，长达 6 英寸、7 英寸及 7.5 英寸不等。有的泥土“补丁”由上下两层蚯蚓粪便组成，两层之间融合得非常紧密，很难把它们区分开来。在我家覆盖着细草的草坪上，多数蚯蚓粪便呈黑色，有些带点儿黄色，这可能是从地下更深处运送上来的细土造成的。在 5° 的斜坡上，大雨后，能够清楚地看到这些带有黄色的粪便

向下流淌的情况。在不到 1° 的斜坡上，仍能观察到粪便流淌的迹象。有一次，降雨量不大，却下了 18 个小时之久，结果在这同一块略为倾斜的草坪上，所有的蚯蚓粪便都失去了它们的蠕虫状结构，而且都向下流淌，以至于蚯蚓所排泄的粪便，足足有$\frac{2}{3}$堆积到洞穴口的下面。

这些情况促使我更为仔细地去观察。在我家草叶细致而密集的草坪上，我看见 8 堆蚯蚓粪便，另有 3 堆位于草质较差的一块田地上。采集蚯蚓粪便的这 11 个场所的表面倾斜度都在 4° 30′与 17° 30′之间，平均倾斜度为 9° 26′。我首先测量蚯蚓粪便在倾斜方向的分布长度，在不规则状态所容许的范围内，尽可能精确地测量。后来发现，在误差约 0.125 英寸的范围内，这些测量是有可能做到的。但其中有一堆蚯蚓粪便太不规则，以致无法测量。其余 10 堆朝着斜坡方向的蚯蚓粪便的平均长度为 2.03 英寸。刨去草层后找到洞穴口，沿着通过洞穴口的水平方向，用小刀把蚯蚓粪便分为两部分采集，分为洞口上面及洞口下面两部分，然后对这两部分进行称重。称重结果，洞口下面的土每次都比洞口上面的多得多。洞口上面的土均重为 103 格令，洞口下面为 205 格令，后者几乎是前者的两倍。水平地面上的蚯蚓粪便几乎全部等量地被抛在洞穴口的周围。上面所说的重量差异，就是沿斜坡向下流淌的蚯蚓排出土的总量。为了获得具有普遍意义的结果，还需要做更多的观察。在决定沿斜坡流淌的土的重量方面，植被的性质以及其他偶发状况，比如降雨的大小、风力及风向等，比倾斜角更为重要。在我家草坪上的 11 堆蚯蚓粪便中，平均倾斜度为 7° 19′的 4 堆蚯蚓粪便，洞口上下的土的重量差异大于同一块草坪上平均倾斜度为 12° 5′的另外 3 个粪堆。

在目前情况下，我们可以采用上述我家草坪上的 11 堆蚯蚓粪便的例子，计算每年蚯蚓所排出的土沿平均倾斜度为 9° 26′的斜坡向下流淌的土量。我儿子乔治（George）做过这项工作。结果表明，在洞口下面排出的土量占总量的$\frac{2}{3}$，在洞口上面排出的土量占$\frac{1}{3}$。假定洞口下面的$\frac{2}{3}$被分为两等份，则这$\frac{2}{3}$的上半部刚好与洞口上面的总量的$\frac{1}{3}$相抵消。洞口上面的$\frac{1}{3}$与洞口下面$\frac{2}{3}$的上半部而言，没有土量沿着山坡往下淌。构成$\frac{2}{3}$的下半部的土都发生了不同程度的位置移动，每次位移的距离不等。位移距离可以用$\frac{2}{3}$的下半部的中心点与洞口的距离来代表，位移的平均距离是蚯蚓粪便总长度的一半。现在上述 11 处蚯蚓粪便中有 10 处的平均长度是 2.03 英寸，我们取此长度的一半约为 1 英寸。可以作出如下结论，在这些例子中，被运送到地面的全部泥土，有$\frac{1}{3}$泥土沿着斜坡下滑了 1 英寸的距离。[①]

本书第三章中曾指出，在利斯山公地上，1 平方码的地表上在一年里，至少有 7.453 磅干土壤被蚯蚓运送上来。如果在山腰上画出两边呈水平的 1 平方码区域，假定泥土的位移是 1 英寸，那么在这个平方码上被运上来的泥土中，只有$\frac{1}{36}$的土足以靠近其下边并横越它。似乎可以认为，运上来的土只有$\frac{1}{3}$是向下流淌的，因此在一年内会有 7.453 磅的$\frac{1}{108}$或$\frac{1}{36}$的$\frac{1}{3}$的土量横越过所画平方码的下边。7.453 磅的$\frac{1}{108}$是 1.1 盎司，每年将有 1.1 盎司的干土，穿越沿着具有上述倾斜度的平面越过长为 1 码的水平直线。或者说，在具有这种倾斜度的山腰上，每年横越过 100 码长水平线的细土接近 7 磅。

对自然潮湿状态的土，每年沿着同一斜坡往下流淌而通过坡上所画水平横码线的土量，可以做出相对精确一些的计算，尽管仍很粗略。从第三章所列举的几个例子已经知道，每年运送到 1 平方码地表上的蚯蚓粪便，如果均匀铺开的话，会形成厚达 2 英寸的一层。通过与上面类似的算法，每年越过具有上述倾斜度的山腰上 1 码的水平线，共计有2.4立方英寸的湿土。我们已经知道，湿蚯蚓粪便的重量为1.85

① 华莱士（James Wallace）先生曾指出，必须把洞穴被做成与地表呈直角而不是垂直下去的可能性考虑进去，如果是后者，则土壤的侧面位移会有所增加。

盎司。所以，相对于7磅的干土，每年有11.56磅的湿土沿着具有上述坡度的斜坡，越过长100码的水平横码线。

上述这些推算，是假定一整年里蚯蚓粪便往下流淌一个短距离，但这仅针对下雨期间或下雨前不久排出的蚯蚓粪便而言。因而上述推算结果是被夸大的。另一方面，下雨时，蚯蚓粪便中有许多极细的土被冲刷到相当远的部位，即使斜坡的坡度极缓时也是这样。因而按照上面的推算，细土被全部冲走了。在干旱天气下排出的、已变硬的蚯蚓粪便，也会以同样的方式失去相当多的细土。另外，干蚯蚓粪便容易分裂为小球，常沿着倾斜地面向下滚动或被风吹送下去。所以，如上所述，每年有2.4立方英寸的土，潮湿时重量为1.85盎司，越过特定码线的计算结果，即便有夸大成分，误差也不会太多。

2.4立方英寸的土量是微小的。我们还记得，大多数乡村都有许多山谷分支纵横交错着，其全长很可观。在每个山谷，草炭覆盖着的山谷两侧都有土不断地往下移动。在如上述倾斜度的山谷里，每100码长的地段，每年就有480立方英寸的湿土，重量超过23磅，移动到谷底。这里会出现一个厚厚的冲积层。在几百年中，冲积层容易被冲刷掉，因为溪流会在其间迂回前行。如果可以确定，蚯蚓通常与斜面呈直角方向钻入洞穴，那么这是蚯蚓从下面搬运土上来的最短途径。当旧洞穴由于上面覆盖着的土的重压发生坍塌时，就会不可避免地引起整块腐殖土层的沉陷或沿着斜面慢慢向下滑落。确定众多洞穴的方向，很复杂，很麻烦。但我们还是把一根直铁丝插入几块斜坡地的25个洞穴内。结果发现，有8个洞穴几乎与斜坡呈直角，其余17个洞穴与斜坡则呈各种不同角度，所成角度有些向上，有些向下。

在热带暴雨频繁发生的地方，正如我们可以想象得到的，蚯蚓粪便被冲刷的程度远超过在英国被冲刷的。前文已提到过，斯科特先生曾告诉我，在加尔各答附近，直径一般在1～1.5英寸之间的圆柱形蚯蚓粪便堆，暴雨过后，就会在一个水平面上沉积起来，形成非常薄而扁平的圆盘，直径在3与4英寸之间，有时可以达到5英寸。在植物园的“一个稍斜，多草，并由壤质黏土造成的人工堤岸上”，人们曾仔细测量过三堆新鲜蚯蚓粪便堆，平均高度为 2.17 英寸，平均直径为 1.43 英寸。暴雨过后，这些蚯蚓粪便堆呈现出延长了的泥土块斑状分布，顺着斜坡方向的平均长度为 5.83 英寸。因为铺展在斜坡上端的泥土很少，从这些粪堆的原有直径来判断，大部分蚯蚓粪便已经向下流淌了约 4 英寸。另外，蚯蚓粪便堆中的一些极细泥土，也会被完全冲刷到更远的地方。在靠近加尔各答较干燥的地方，有一种蚯蚓粪便不呈蠕虫状，而是呈大小不一的小丸子状。在有些地方，这种小丸子为数众多。据斯科特先生说，每逢暴雨，这些小丸子都会被冲洗得一干二净。

我由此推断，下雨的时候，大量细土会从蚯蚓粪便堆表面被冲洗掉，这一点能够从旧粪堆上面常点缀着粗糙颗粒看出来。为了证实上述说法，我曾把经过唾沫或胶水润湿、略带黏性、与新鲜蚯蚓粪便具有相同稠度的少许细白垩土，放在几个粪堆的顶端，让它逐渐与粪堆混在一起。后来，用洒水器朝这些粪堆洒水，洒出的水滴比雨点要密集些，但远不如雷雨天时的雨点那么大，打在地上也远不如大雨时的雨点那么有力。这样处理过的粪堆沉陷得特别缓慢，在我看来这是由于土的黏性造成的。处理过的粪堆，并没有沿着倾斜角为 16° 21′、长满草的草坪表面整个地往下流淌。但是在粪堆下方 3 英寸处，发现了许多白垩土颗粒。在倾角分别为 2° 30′、3°、6° 的草坪的不同部位，曾对三个其他粪堆重复过这种试验，在粪堆下方 4 ～ 5 英寸之间，可看到白垩颗粒。当表面变干之后，有两次在相隔 5 英寸到 6 英寸的地方看见了这些颗粒。另外几个粪堆，顶端所放的白垩土已经出现了沉淀，任凭雨水的自然冲刷，仍停留在原处。有一次，下过不大的雨后，蚯蚓粪便堆上就显现出纵向的白色条纹。还有两次，在离粪堆 1 英寸的地表面，出现了少量的白色。在倾斜角为 7°，离粪堆 2.5 英寸的地方，采集到一些土壤，将之放入酸性溶液内，会冒出一些气泡。一周到两周后，放置在粪堆顶上的白垩土几乎全部被冲掉，粪堆恢复了原有的自然色。

另外值得一提是，每当暴雨过后，在平坦或接近平坦、土壤又不太疏松的田地上，可以看见一些浅水坑，其中的水经常混有泥土。当这些浅水坑干涸时，坑底的树叶和草叶都裹上一层薄泥。我想，这层薄泥大部分来自新近排出的蚯蚓粪便。

正如前文提到的，金博士曾告诉我，他在印度尼尔吉里山脉（Nilgiri Mountains）完全暴露又无草木的多砾圆丘上，发现的大多数巨型蚯蚓粪便堆，都或多或少受到早先东北季风的侵蚀，而且它们中的大多数都表现出塌陷的外观。这里的蚯蚓只是在雨季才排出粪便，当金博士访问该地时，已有110天没下过雨。他仔细考察了位于巨型粪堆所在地，以及与圆丘基部小水沟之间的地段，没有发现有细土积累的现象。如果粪堆没有全部被搬走，基于粪便自身的分解，细土也会保留下来的。金博士毫不犹豫地断言，在每年两次季风期间，此时的降雨量约为100英寸，巨型蚯蚓粪便堆被全部冲刷到小水沟里，并从这里流入下面深达3000英尺或4000英尺的平原。

旱季之前或正当旱季，排出的蚯蚓粪便会变硬，有时硬得惊人，因为肠内分泌物已经将土粒黏结在一起。寒霜对粪堆崩解的影响似乎不如想象中的那么大。经过几次被雨水润湿又干燥之后，粪堆很容易崩解为小球状。下雨时，流下斜坡的蚯蚓粪便也以同样方式崩解。这些小球粒经常沿着任何斜面稍稍向下滚动，这种滚动有时受风力影响很大。在我家的土地里，有一条较宽且已经干涸了的沟渠，底部完全被这类小球粒或解体的蚯蚓粪便所覆盖，它们都是沿着倾斜角为27°的陡坡滚落下去的。

前文（第二章）曾提到，尼斯附近有很多大圆柱形蚯蚓粪便堆，由细小的多沙、钙质土壤所组成。金博士告诉我说，这些粪堆在旱季极易破碎成小块，不久又受到雨水冲击，然后沉陷，时间长了就与周围土壤没有什么差别。他曾邮寄给我一块这样分崩过的蚯蚓粪便块，采自河岸顶端，在那里不会有什么东西从上面滚落下来。这些蚯蚓粪便一定是在五六个月前排泄出来的，由大小不一稍带圆形的碎颗粒组成。碎颗粒中有直径为 0.75 英寸的颗粒，也有微小颗粒，还有的只是尘土。金博士对一些完整的蚯蚓粪便进行烘干时，亲眼看到了它们的碎裂过程，后来他把一些完整的粪堆寄给了我。斯科特先生也谈到了加尔各答附近及锡金山上蚯蚓粪便堆在高温干旱季节的碎裂过程。

在尼斯附近，蚯蚓粪便排泄在倾斜地表面时，分解了的碎片也会向下滚动，仍保有其独特的外形，某些地方可以采集到成筐的蚯蚓粪便。金博士曾在科尼雪（Corniche）公路上观察到这种情形。有一个排水沟，宽约 2 英尺，深约 9 英寸，是用来排除邻近山上流下来的水。几百码长的排水沟底部，覆盖着一层厚达 1.5 ～ 3 英寸的破碎蚯蚓粪便，还保持着它们特有的形状。在排水沟内排出的蚯蚓粪便很少，绝大部分碎片都是从上面滚下来的。这里山坡陡，但倾斜度悬殊。据金博士估计，它们与地平线的倾角在 30° ～ 60°之间。他攀上斜坡，“发现到处都是由蚯蚓粪便碎片形成的小围堤，这些碎片在向下滚动的途中，被崎岖的地面、石头、树枝等拦截下来。一小丛园圃银莲花（*Anemone hortensis*）也起到了这种拦截作用，环绕它形成了很小的土堤。这种土壤有许多已破碎下来，但大部分仍保持着蚯蚓粪便的形状。”金博士曾挖掘起这棵植物，对最近刚刚积累在根茎顶端的土壤厚度感到吃惊。正如我到处所见，积累起来的泥土无疑曾被植株的小根所阻绊住。金博士描述了这些例子后，得出结论：“我完全相信，蚯蚓对剥蚀的帮助是非常大的。”

陡峭山坡上的土脊

在世界上许多地方的陡峭草坡上，可以看到阶梯式的、平坦的小土脊。它们的形成曾被归因于走动的动物，反复沿着斜坡在同一水平线吃草。事实上，动物确实这样走动并利用这些土脊。但有一位细心的观察家，亨斯洛（Henslow）教授，曾告诉胡克（Hooker）爵士，他认为这并不是形成土脊的唯一原因。胡克爵士曾在喜马拉雅和阿特拉斯（Atlas）山脉上看到过这类土脊，那里没有牲畜，也没有众多的野生动物，但是野生动物可能在晚上像牲畜一样吃草时利用过这些土脊。一位朋友曾为我考察瑞士阿尔卑斯山上的土脊。他说，那里的土脊长 3 英尺到 4 英尺，呈阶梯形，宽约 1 英尺，来此吃草的奶牛的蹄子在上面留下了深深的凹痕。这位朋友在我们的白垩土丘陵，以及由一个被采石场抛挖出的白垩碎片组成并有草地覆盖的古老岩石堆上，也观察到了类似的土脊。

我的儿子弗朗西斯，曾检查过刘易斯（Lewes）附近一个白垩陡崖，在这里的一个极陡峭、与水平线呈 40° 的场所，大约有 30 个平坦的土脊，水平延伸到 100 码以外，一个位于另一个的下方，之间平均相隔约 20 英寸。这些土脊的宽度为 9 ～ 10 英寸。从远处眺望，它们互相平行，展现出一派令人叹为观止的景观。上前一看，它们又显得有些弯弯曲曲，往往这一个通向另一个，好似一个土层分叉为两个一般。土脊都由浅色泥土组成，这些土的外层最厚处，有一处厚 9 英寸，另一处厚 6 ～ 7 英寸。在这些浅色泥土的土脊之上，是一层白垩土，其上的土厚，在前面的一例是 4 英寸，后面的一例仅 3 英寸。这些土脊外缘上的草长得比斜坡上其他部分都好，形成了一条长满草的边缘。土脊的中部却是不毛之地。这是不是由于绵羊常来土脊践踏造成的呢？我儿子还不敢确定。他也不能肯定，中间部分或不生草部分的土，到底有多少是分解了的蚯蚓粪便从上面滚落下的。他相信，其中有一些土是这样产生的。很明显，带有丛草边缘的土脊会拦住从上面滚下来的小物体。

在分布有这种土脊的堤岸的一端，其表面部分由裸露的白垩岩组成，这里的土脊很不规整。在堤岸的另一端，斜坡变得不那么陡峭。在这里，土脊突然中断了，但长仅 1 英尺或 2 英尺的小堤仍旧存在。越靠近山脚，斜坡变得越陡峭，规则的土脊也接着重现。在地表倾斜度约25° 的比奇角（Beachy Head）内地，我的另一个儿子观察了许多刚才提到的小堤。它们与地平线平行地延伸，长度从几英寸到两三英尺不等。小堤支撑着长满茂盛杂草的草地。这里的腐殖土的平均厚度为4.5英寸，这是经过9次测量得出的平均值。在它们之上或之下，腐殖土的厚度平均只有3.2英寸。在与它们同一水平的每个边上，腐殖土的厚度为3.1英寸。在斜坡的上部，这些小堤没有显现出被绵羊践踏过的痕迹，但在较低洼部分，这种痕迹却很明显。在这里也没有形成绵延不断的较长土脊。

如果科尼雪（Corniche）公路上的小堤沿着地平线汇聚，就会形成土脊。金博士发现，它们是由分解而滚落的蚯蚓粪便通过积累方式而产生的。由于被拦截的蚯蚓粪便作横向扩展，每个小堤也会倾向于横向扩展。在陡坡上吃草的动物，肯定会利用差不多同一水平的每个凸起的土脊，而且会把它们之间的草地践踏成锯齿状，这类夹杂其间的锯齿状物又会拦截蚯蚓粪便。不规则的土脊一旦形成，又会逐渐变得规则和平坦，因为有些蚯蚓粪便从高处滚落到低处，因此把低处填高起来。位于土脊下面的任何凸出部分，不会承接来自上面的分解物质，并且还有被雨水及其他大气因素冲刷掉的趋势。这些土脊的形成与莱伊尔所说“风吹沙”的波纹形成有某些相似之处。[①]

在威斯特摩兰（Westmoreland），有一个叫格里斯代尔（Grisedale）的山谷，两边的山坡都很陡峭，并长满了草。其特点是在许多部位都有数不清的一系列小悬崖，其基部还有几乎平坦的小土脊。它们的形成与蚯蚓的活动毫无关系，因为在任何地方都看不见蚯蚓粪便，这是一个难以理解的现象，虽然在许多部位都有草炭覆盖着的厚厚的泥砾与冰碛（Moraine）碎块。据我们判断，这些小悬崖的形成与牛羊的践踏也没有什么密切关系。看起来好像带点黏质的表层土，虽然部分地被草根盘结在一起，曾沿着山坡稍稍下滑。在下滑过程中，这些表层

① 《地质学基础》（*Elements of Geology*），1865，20页。

土发生凹陷并裂出一些横线，横对着山坡。

被吹向背风方向的蚯蚓粪便

我们已经了解，在平坦的草丛地表上新近排出的蚯蚓粪便，会在暴风雨中被吹到背风方向去。这种情况，我曾连续几年在许多田地上观察到好多次。刮了几次大风之后，蚯蚓粪便在迎风面呈现出一种稍微倾斜并且光滑、有时又起皱的表面，在背风面则陡峭地倾斜或突然落下，看似有点像冰川上的小丘。在背风面这一侧，它们常呈深陷形，因为上部已卷入到下部上面。在一次猛烈的西南暴风雨过后，许多蚯蚓粪便全部被刮往背风面，因此使洞穴口裸露出来并暴露在迎风面一侧。刚排出的蚯蚓粪便会沿着倾斜表面流淌下来。下过暴雨之后，在倾角为 10°～15°长满草的田地上发现，有一些粪便从斜坡被吹上来。在我家倾角较小的草坪，有一次也出现了这种情况。还有一个事例，在一个山谷的陡峭而被草类覆盖的两侧，当蚯蚓粪便被风往下吹时，没有沿斜坡直下而是斜斜地被吹下去，这显然是风和重力的联合作用造成的。我家草坪朝向东北的向下倾斜度分别为 0° 45′, 1°, 3° 及 3° 30′，平均倾斜度为 2° 45′。下过一阵西南暴风雨后，从草坪取 4 堆蚯蚓粪便，在通过洞穴口的地方将粪便一分为二，并以前文所述方式进行称量。位于洞穴口下方并且朝背风方向的土均重，与位于穴口上方并朝迎风方向土均重的比为 2.75∶1。几堆蚯蚓粪便曾沿平均倾角为 9° 26′的斜坡往下流淌，与倾角在 12°以上的三堆蚯蚓粪相比，洞穴口下方的土重与穴口上方的土重之比仅仅为 2∶1。这几个例子说明，在移动新近排出的蚯蚓粪便方面，暴风雨的作用非常大。由此，我们可以得出结论，即使是中等强度的风对它们也会产生一些轻微影响。

有时，也可能是经常，强风会把分解成小碎片或小球状的干硬蚯蚓粪便吹到背风方向。我曾4次看到过这种现象，但没有重视它。在一条略微倾斜的堤岸上，有一堆陈旧的蚯蚓粪便被一阵强西南风全部刮跑了。金博士认为，风刮走了尼斯附近大部分破碎的陈旧蚯蚓粪便。我曾用大头针将我家草坪上的几堆陈旧蚯蚓粪便做上标记，并加以保护，使其不受任何干扰。10周后，我对它们做了检查。在那10周当中，晴天和雨天交替出现。有些稍带黄色的蚯蚓粪便已被冲刷掉了，这一点从周围地面的颜色可以看出来。毫无疑问，这些蚯蚓粪有些已被风刮跑消失，还有一些则原封不动，可能还将长久停留下去，因为草叶已穿过它们生长出来。在一块从未被滚压也未被动物践踏过的贫瘠牧场上，有许多小土堆点缀在表面，杂草穿过它们或在它们上面生长着，这些小土堆是由陈旧蚯蚓粪便组成的。

据观察，在许多被吹到背风方向的柔软蚯蚓粪便中，上述这个例子中的地方曾遭受暴风雨的严重影响。在英格兰，这种风一般来自南方及西南方。所以，从整体来看，泥土一定倾向于朝北方及东北方而越过我们的田地。这一事实非常重要。可以想象，在平坦又有草覆盖着的地表，不管用什么方法，蚯蚓粪便也不能被移走。在浓密、稳定的防风林里，只要有树木存在，蚯蚓粪便就不会被移动，而且这里的腐殖土将积累到蚯蚓能够工作的深度。我曾尝试着去观察古树及篱笆前后地表的水平面，以此来了解有多少仍处于蚯蚓粪便状态的腐殖土被潮湿的南风从开阔而平坦的土地刮向东北方。但是，我没有成功，因为这些古树的树根生长不平衡，并且多数牧场早先都曾被耕犁过。

在巨石阵附近的空旷平原上，有一些环圆形洼沟。环绕其外缘，有一道矮堤围绕着直径为50码的平坦空间。这些环形沟看起来十分古老，人们判断它们是与德鲁伊平纹石（Druidical stone）同时代的东西。排泄在这些环形空间之内的蚯蚓粪便，如果被西南风吹向东北方的话，就会在沟内形成一层腐殖土，那么在东北方向的腐殖土应比其他方向的厚。不过，这个场所不适于蚯蚓活动，因为此地邻近带有燧石的白垩岩层，那里的腐殖土只有3.37英寸厚。这是在距离堤外10

码的地方，做了6次观察后得到的平均数。在环形沟中的两条沟里面，靠近沟底的内侧，我们曾测量过周围每隔5码的腐殖土厚度。我儿子霍勒斯曾把这些测量结果绘制在纸上。虽然代表腐殖土厚度的曲线很不规整，但从这两个图表里都能看出，东北方向的腐殖土厚度比其他各个方向的要厚。当两个沟内测量的平均值算出来，曲线也平滑了。可以明显看出，在环沟内，在西北方向及东北方向之间的区域，腐殖质的土层最厚，而在东南方向与西南方向之间的区域，腐殖质的土层最薄，特别是西南方向这一部分。除了上述测量，在一条环形沟内的东北边，我们又做了6次测量。这里的腐殖土的平均厚度为2.29英寸，而在西南边6次测量的平均数只有1.46英寸。通过这些观测得出，蚯蚓粪便曾从环形且封闭的空间，被西南风吹进东北边的沟内。为了得到具有说服力的结果，在其他类似的事例中，还必须进行更多次的测量才行。

以蚯蚓粪便形式被运送到地面，然后又被风雨所吹走的细土总量，或流下或滚下斜坡的细土总量，在几十年中是不多的。如果不是这样的话，我们牧场上的所有坑洼的地方，都会在比实际年数短得多的时间内被填平了。但是在几千年的过程中，这样被运走的细土总量又是巨大的，不可等闲视之。博蒙特把数千年全部覆盖在土地上的腐殖土视为固定线（fixed line），根据这条固定线可以测出剥蚀的总量。[①] 但他忽视了地下岩石及岩石碎片的分解会继续产生新腐殖土的事实。有趣的是，早在此之前，也就是1802年，普莱费尔（Playfair）曾提出一个高明得多的论点。他写道："从覆盖着地球表面的腐殖土的耐久性来看，我们可以从中找到一种令人信服的证据，证明岩石的连续分解。"[②]

---

① 《实用地质学教科书》，1845年，第5课。所有博蒙特的论据都曾被阿奇博尔德·盖基（A. Geikie）教授在其发表于《格拉斯哥地质学会会报》（*Transact Geology Soc. of Glasgow*）的论文中（1868年，第3卷，153页）精彩地驳斥。

② 见《关于赫顿地球学说的说明》（*Illustrations of the Huttonian Theory of Earth*），107页。

古代的营房和墓地

博蒙特援引许多古营房、古墓及古耕地的现存状态，证明土地表面几乎没有受到任何冲刷。但是，他似乎没有检查过覆盖在这些古代遗址的不同部位上的腐殖土厚度。他所依靠的主要是间接的、乍看起来值得信赖的证据，古堤防的倾斜度还是它们原来的倾斜度。显然，他对它们原来的高度一无所知。在诺尔公园内的步枪射击靶后面，早就有一个土墩，似乎是由早先方形草块支撑着的腐殖土形成的。土墩都是倾斜的，我大概估计与地平线呈 45° 或 50° 的倾斜角，并且在它们上面，尤其是北边，都长满了长长的粗草，草下面有许多蚯蚓粪便堆。这些粪堆曾整堆地向下流动，其他粪堆则呈小球状往下滚动。因此可以断言，只要这种土墩有蚯蚓栖息着，其高度就会不断下降。从这样的土墩边缘流下或滚下的细土，会在底部累积成斜堆。一层细土，甚至薄薄一层，都很适合蚯蚓栖息。所以，这样的斜堆上排出的蚯蚓粪便堆，就比别处多。每次暴雨都会冲刷掉这些粪堆的一部分，铺展在邻近的平地上面。最终的结果是整个土墩的降低，不过其各边的倾斜度则不会有大的减少。古代的堤防和坟墓，一定也会是这个样子，除非它们是由砂砾或纯粹的沙子构成，因为这些物质不适于蚯蚓的生存。人们确信，有很多古要塞和坟墓，至少都有 2000 年的历史。我们不要忘记，在许多地方，5 年内就有 1 英寸腐殖土被运送到地面上来，10 年内就是 2 英寸。因此，在 2000 年漫长的岁月中，一定有大量泥土被反复运送到多数堤防及坟墓的表面，尤其是它们基部周围的斜堆上面，而多数这种土壤又将被冲刷得干干净净。我们可以得出结论，所有的古土墩，如果它们的构成成分有利于蚯蚓生长，在几百年的时间里，其厚度都会多少有所降低，尽管它们的倾斜度不会有太大的变化。

以前曾经耕犁过的田地

自从古代起，土地就被耕犁过，因而出现了叫田畦或田垄的凸起土层，通常横径约 8 英尺，并为犁沟所隔开。犁沟的走向都适于排去地表的水。我曾企图搞清楚这些田畦及犁沟到底经历了多长时间，但当耕地转变为牧场之后，便产生了许多困惑。田地到底在什么时候被耕犁的呢？这是一个难题。有些田地，当地的人们认为它们自古以来就是一块牧场，但后来却发现它们在 50 年前或 60 年前就被耕犁过。19 世纪初，谷类价格暴涨，因而在英国，各种土地都被耕犁过。但在许多情况下，毋庸置疑，古老的田畦和犁沟从遥远的古代便保存下来。[①] 它们被保存的时间长短是不一样的，因为田垄最初形成时，其高度就随地区不同而有很大差别，就像现在新近耕种过的土地一样。

在古老的牧场里，不管在何处测量，犁沟中的腐殖土总比田畦上的要厚 0.5 ～ 2 英寸。这显然是由于在土地尚未盖满草类时，细土已从田畦被冲刷到犁沟中去了，很难说蚯蚓在这个过程中起了多大作用。不过，从我们目击的例子来看，下大雨时，蚯蚓粪便肯定会从田畦上流淌下来，被冲刷到犁沟中。一旦细土层通过某种方式积累在犁沟内时，它就会比其他地方更有利于蚯蚓的栖息，而且在这里排出的蚯蚓粪便也比别的地方多。同时，因为斜坡地上的犁沟一般都处在有利于地面水排走的方向，有些较细的土粒就会从这里排出的蚯蚓粪便上被淋洗和冲走。结果，犁沟被填满的速度很慢，而田畦因自身倾斜度不大，尽管有蚯蚓粪便从其上面滚流入犁沟，它们沉降的速度反而

---

① 泰勒（E. Tylor）先生以主席资格发言时［见《人类学研究所所刊》（*Journal of the Anthropological Institute*），1880 年 5 月，451 页］说："从柏林学会关于德国'高层田'或'异教徒田'（高原和草原）的几篇论文看来，这类田地从其在小山及荒地上的位置来看，与苏格兰的'妖魔犁沟'（elf-furrows）有许多相似之处。而民间神话认为这些'妖魔犁沟'之所以产生，是由于当时的田地都处于罗马教皇的禁令管制之下，于是老百姓只好向山地要田了。也似乎有理由推想，像瑞典森林里的许多小块耕地相传是古代耕田人所为一样，德国的'异教徒田'也是古代野蛮人开荒耕地的结果。"

更慢。

可以预料到，老旧的犁沟，特别是位于斜坡表面上的，经过漫长岁月之后，将会被填满并消失。几位细心的观察家曾在格洛斯特郡（Gloucestershire）及斯塔福德郡（Staffordshire）为我检查过田地。在长期充当牧场的坡田里，未发现坡田上方与坡田下方的犁沟有什么差别。他们得出结论，田畦和犁沟将一直存在下去。在其他一些地方，田畦和犁沟的消失过程已经开始。例如，在北威尔士的一块草地上，据说在大约 65 年前被耕犁过，朝东北方的倾斜角为 15°。经深度精心测量发现，在相隔只有 7 英尺，斜坡上方的犁沟深约 4.5 英寸，在靠近底部仅 1 英寸的地方，已很难找到犁沟的痕迹。在另一块向西南倾斜、角度又大约相同的田地上，犁沟的基部已经几乎消失了。当追踪犁沟到毗连的平地时，这里的犁沟的深度达到了 2.5 ～ 3.5 英寸。与此极其类似的情形还有一例。此外，还找到了第四个例子，在斜坡地上部的犁沟中，腐殖土厚度为 2.5 英寸，在下部的为 4.5 英寸。

在离巨石阵约 1 英里的白垩高地，我儿子威廉检查了一块杂草丛生的、倾斜角从 8° 到 10° 的耕地。据一位老牧羊人说，就人们所知，这块地从未被耕犁过。威廉在其间相隔 68 步的 16 个地点上，对一条犁沟的深度进行测量后发现：在倾斜度最大并且土的积累量较小的部位，犁沟较深，而在底基部则看不到犁沟。腐殖土的厚度，在犁沟内的较高部分为 2.5 英寸，在斜坡最陡部分的上方不远处，增加到 5 英寸。而在坡底部狭小的山谷中央，在一个假设犁沟再继续下去就能触碰到的点上，腐殖土的厚度达到了 7 英寸。在山谷的对面山坡，还有一些非常模糊、几乎消失了的犁沟的痕迹。在离巨石阵几英里远的地方，又观察到一个类似但不那么明显的事例。总而言之，从整个观察来看，在过去耕犁过、现在已经长满草的土地上的田畦和犁沟，如果地面倾斜，就有慢慢消失的趋势，这可能主要是由于蚯蚓的活动所造成。当地面几乎平坦时，田畦和犁沟会在一个很长的时期内存在下去。

白垩岩层上腐殖土的形成和数量

正如我儿子威廉在温切斯特（Winchester）附近和其他地方所观察到的那样，在陡峭且长满草的斜坡，白垩地层逐渐和地面接近的地方，蚯蚓所排出的粪便往往非常多。如果下大雨，这些蚯蚓粪便就会被大量冲走，并没有什么可靠的途径来补充大雨带来的土壤流失，所以就很难理解为什么还有一些腐殖土能留在有草覆盖的开阔高地上。此外，还有另一个造成土壤流失的因素——有些较细的土粒会渗入白垩岩石的裂缝以及白垩中去。这些疑惑令我思考好长时间，我是否夸大了从草地斜坡上以蚯蚓粪便形式流淌下或滚落下的细土量呢？为了回答这个问题，我查找了其他资料。有些地方，在主要由含碳酸钙的物质组成的白垩岩层上，蚯蚓粪便是取之不尽的。但是在其他地方，例如在温切斯特附近的特格丘陵（Teg Down）的部分地域，白垩岩上面的腐殖土厚度为 3 ～ 4 英寸，蚯蚓粪便全呈黑色，而且遇到酸也不起泡沫。在巨石阵附近的平原上也是这样。这里的腐殖土显然不含带有碳酸钙的物质，其平均厚度低于 3.5 英寸。我也不清楚为什么蚯蚓在某些地方钻洞穴并把土运向地表，而在别的地方却不这样。

在许多地区平坦的土地上，一层厚达数英尺、未经磨损的红黏土层，覆盖在白垩岩层（Upper Chalk）上。这种表面已转化为腐殖土的覆盖物，由未溶解的白垩残渣组成。这让我想起一种情形，在我家的一块田地上，曾有些白垩碎片被埋在蚯蚓粪便下，在 29 年的时间里，其棱角已全部被磨掉，现在这些碎片竟与水磨卵石相似。这种状况，肯定是雨水中的碳酸、腐殖酸以及活根的腐蚀作用的结果。不论何处，只要是土地比较平坦，就没有厚的土块留在白垩地层上。这大概可以用渗入作用来解释，微粒已经渗入到白垩岩的裂缝，这些裂缝有的敞开，有的则填满了纯度低或坚硬的白垩。在温切斯特附近的草地下面，我儿子采集到一些粉状及碎片状白垩。帕森斯（R. E. Parsons）上校发现，粉状白垩含 10% 的土状物质，碎片状白垩只含 8% 的土状物质。在萨里郡阿宾杰附近陡坡的侧面，紧压在一层燧石下面，被 8 英寸腐殖土覆盖着的厚 2 英寸的白垩，产生了含有 3.7% 土状物质的残渣。已故的福布斯（David Forbes）告诉我，他做过许多分析，白垩岩只含有 1% ～ 2% 的土状物，但取自我家附近土坑的两个样本却分别含有 1.3% 和 0.6%。我之所以提起上述例子，是因为，从带有燧石的红黏土覆盖层的厚度来看，我曾猜想，这里下层的白垩也许没有别处的纯。至于有些地方所积累的残渣多于别处的原因，可能是由于早期就有一层黏土状物质留存在白垩上面，而这种物质会阻碍土状物质在以后的岁月里渗入其中。

根据上面列举的事实，我们可以作出结论，蚯蚓在我国白垩岩高地上排出的粪便，由于较细的物质渗入白垩内，总量会减少。但是当这种不纯的表层白垩溶解时，与纯白垩比较，会留下较多的土状物到腐殖土中。除了因渗入所引起的损失外，肯定还会有些细土会沿着多草高地的倾斜表面被冲刷下去。这种冲刷过程随着时间的推移总会有个终止。虽然我不知道，腐殖土层要薄到什么程度才无法维持蚯蚓的生存，但这个限度迟早会达到。到了这个限度后，蚯蚓粪便就不再出现或者出现得很少了。

下面的例子可以说明确实有大量细土被冲刷下去。我们曾在温切斯特附近的白垩岩的区域，横跨一个小山谷，每隔 12 码，测量腐殖土的厚度。这些山坡最初倾斜不明显，后来大约倾斜成 20°。再后来，接近谷底时，倾斜度更小。谷底的横面几乎是水平的，横径约 50 码。在谷底，5 次测量的腐殖土平均厚度为 8.3 英寸；而在倾斜度为 14° ～ 20° 的山谷斜坡，平均厚度却不到 3.5 英寸。因为长满草的谷底的倾斜度仅为 2° ～ 3°，所以 8.3 英寸腐殖土层的大部分可能是从谷的两侧，而不是从上部冲刷下来的。不过，有一位牧羊人曾讲述，他曾在积雪突然融化后看见水流经这个山谷，因此有些泥土很可能是从上部被冲刷下来的，也有可能一些泥土沿山谷向下被冲到更远的地方去。关于腐殖土的厚度问题，在一个邻近的山谷，也得到了相似的结论。

温切斯特附近的圣凯瑟琳山（St. Catharine's Hill），高达 327 英尺，由直径约 0.25 英里的陡峭锥形白垩岩组成。环绕圣凯瑟琳山上的较高部分，有人认为，罗马人或古不列颠人挖了一条深而宽的沟渠，把这一区域改造成一个军营。构筑工事时，所挖掘的大部分白垩土都被抛撒在上方，形成了一道隆起的围堤。这个围堤有效地防止了数量众多的分布在各处的蚯蚓粪便、石块与其他物体被冲洗或滚入沟渠中。位于山的上部及军营范围内的腐殖土，大部分仅厚 2.5 ～ 3.5 英寸。在沟渠上面的围堤基部所积累的腐殖质土，大部分厚 8 ～ 9.5 英寸。在堤岸上，腐殖质土仅厚 1 ～ 1.5 英寸。至于沟内，底部的腐殖质土厚度为2.5～3.5英寸，在某个地点却厚达6英寸。在山的西北边，也许在沟上从未形成过围堤，也许围堤后来被销毁了。这里没有阻挡蚯蚓粪便的屏障，泥土和石块便被冲入沟内，结果在沟底形成了厚达 11 ～ 22 英寸的一层腐殖土。应当指出的是，在斜坡的其他部分，腐殖土层经常含有白垩和燧石的碎屑，而这些碎屑很明显是在不同的年代从上面滚落下来的，下面的屑状白垩岩的裂缝也填满了腐殖土。

我儿子检查了这座山的表面，一直到西南山脚的区域。在坡度约 24°的大沟下面，腐殖土极薄，仅 1.5 ～ 2.5 英寸。在坡度仅 3°～ 4°的山脚附近，腐殖土的厚度增加到 8 ～ 9 英寸。我们可以得出结论，在这个经过人工改造过的小山上，以及邻近的白垩岩上的天然山谷中，一些可能主要来自蚯蚓粪便的细土被冲刷下去并积累在这些区域的较低部分，尽管有些数量不详的细土渗入到下面的白垩中。白垩通过大气及其他因素发生溶解，这为新鲜的土状物提供了来源。

1905 年，达尔文的女儿亨丽埃塔（Henrietta）及儿子威廉（William）一起散步。

第七章
结　　论

· *Chapter Ⅶ. Conclusion* ·

蚯蚓在世界历史中所起的作用总结——它们有助于岩石的崩解——有助于土地的剥蚀——有助于古代遗址的保存——有助于植物生长所需土壤的储备——蚯蚓的智能——结论

WED

B481

DAR 275:85

36
18
8

RIDGEMOUNT,
BASSET,
SOUTHAMPTON.

Feb 3rd

My dear Father,

I send you a paper box with leaves in it, they were very sodden & decayed so that they are a poor set.

I took out a plate & some ink, and dipped the ends in the ink & laid them on the plate and afterwards put an atom of vermilion on the inked parts, a

蚯蚓在世界历史中的重要作用远非多数人所能料到。几乎在所有的潮湿地区，蚯蚓的数量都非常惊人。它们的躯体虽小，它们的肌肉却具有异乎寻常的能力。在英格兰的许多地方，在1英亩土地上，每年就有约10吨（约10516千克）以上的干土通过它们的身体，并被带到地表面上。所以每过几年，整个表层的植物腐殖土就会从它们的身体通过一次。由于老旧洞穴的坍塌，腐殖土处于经常但又缓慢的运动中，构成腐殖土的微粒也因此而相互摩擦。通过这些方式，新的地表便不断受到土壤所含碳酸和腐殖酸的作用，而腐殖酸在岩石的分解上效果似乎更明显。蚯蚓所吃的许多半腐叶的消化，可能加速腐殖酸的产生。所以，构成表层腐殖土的微粒，受制于分解与崩解的环境条件。另外，在肌肉发达的蚯蚓的砂囊中，小石子起着磨石作用，不太坚硬的岩石粒子会因此被磨碎。

每逢下雨天，蚯蚓粪便以湿润状态被运到地表面，磨得溜光的粪便会沿着中等斜坡流淌下去，而较小的粒子则会沿着略微倾斜的表面被冲下去很远。蚯蚓粪便干燥时会碎裂成小球，这些小球容易沿着任何斜面往下滚动。在土地十分平坦而且长满杂草的地方，以及气候潮湿因而不会有大量尘土被刮跑的地方，乍看起来，似乎不可能有严重的地面剥蚀。但是蚯蚓粪便，尤其是当它处于潮湿和半流体状态时，会被夹带着雨点的风吹往同一方向。由于这些原因，表层腐殖土就不会大量堆积起来，厚的腐殖土层还会以许多方式妨碍下面岩石及岩屑的崩解。

上述方式所造成的蚯蚓粪便的移动，会导致一些惊人的结果。有人指出，在许多地方，每年都有一层厚0.2英寸的泥土被搬运到地表。如果其中的一小部分沿着每个倾斜表面流淌、滚动或被冲洗下来，即使距离很短，或者被反复吹向同一方向，那么时间长了也会产生很大

◀ 1881年2月3日，达尔文的儿子威廉来信，向父亲讲述他观察到的蚯蚓的活动及其作用。

影响。通过丈量与计算得知，在倾斜度平均为9° 26′的地表上，由蚯蚓排出的2.4立方英寸泥土在一年内可横堆成长达1码的地线。这样，240立方英寸的土就可以横堆成长100码的地线。而240立方英寸的土壤处于潮湿状态时可重达11.5磅。这样一来，大量泥土便不断沿着每个山谷的各条山坡往下移动，并汇集到谷底。最后借助山谷中奔腾的溪流，这些泥土被输入到海洋，海洋成为来自陆地剥蚀的所有物质的巨大收容所。从密西西比河每年排入海中的冲积物数量可知，其广阔的流域每年平均要降低约0.00263英寸，在450万年后就足以把整个流域降低到与海岸持平的地步。地质学家认为，在不算太长的时间内，每年由蚯蚓搬运到地面的厚0.2英寸的土层中，只要有一小部分被运走，就会发生惊人的后果。

考古学家应当感谢蚯蚓所起到的保存作用。蚯蚓将每个掉落在地面上不易腐蚀的物体埋藏在其粪便之下，使之长久保持原貌，这样也使许多漂亮而珍贵的铺嵌人行道以及其他古代遗址得以保存下来。毫无疑问，在上述事例中，从毗邻土地吹来或冲洗来的泥土，在耕种的时候，也极大地帮助了蚯蚓。然而，古老的镶嵌人行铺道也经常受损，因为蚯蚓在下面不均匀地钻穴打洞，铺道的下陷也就参差不齐了。甚至巍峨的古墙也会由于下面被钻洞穴而下陷。就这一点而论，没有一幢建筑物是完好无缺的，除非它的地基在离地表6～7英尺之下。因为在这样深的地方，蚯蚓是无法工作的。可能由于蚯蚓的钻穴打洞活动，许多由整块石头建成的建筑物和一些古墙都倒塌了。蚯蚓以独特的方式把土地整理得很好，[①] 使它有利于须根植物及各类种子幼苗的生长。蚯蚓定期把腐殖土暴露在空气中，并加以筛选，使那些大到不能吞食的石子不会残留在腐殖土中。它们把所有土壤紧密地混合在一起，就像花匠为其珍贵的植物准备细土一样。呈这种状态的腐

① 塞尔伯恩的怀特曾针对蚯蚓在疏松土壤等方面所起的作用发表过一些有价值的评论。詹尼斯（L. Jenyns）编，1843年，281页。

殖土非常适合保存水分，吸收所有可溶性物质以及硝化作用。[1] 动物尸体的骨头、昆虫的坚硬部分、陆生软体动物的甲壳、树叶、树枝等，不久便全埋在积累起来的蚯蚓粪便下面，并以不同程度的腐烂状态被带到植物根系所能达到的范围之内。蚯蚓把许多枯叶及植物的其他部分拖曳入洞穴内，一部分用以封塞洞口，一部分当作食物。

被拖曳入洞穴当作食物的叶子，被撕成小的碎片，经过部分消化，被肠及尿分泌物中和之后，便与大量泥土混合起来。这种土形成了暗色而肥沃的腐殖质，它以轮廓分明的土层形式几乎覆盖着所有的地面。冯·亨森曾把两条蚯蚓放在直径为 18 英寸、盛满沙石的容器内，沙石上撒布了落叶，落叶很快便被拖曳进洞穴深达 3 英寸的地方。约 6 周后，由于通过了这条蚯蚓的消化道，厚 1 厘米或 0.4 英寸、几乎均匀的一层沙石便转变成腐殖质。[2] 有些人认为，尽管堆积在洞穴口的黏稠蚯蚓粪便能防止或牵制雨水直接进入穴内，蚯蚓洞穴往往几乎垂直通入地下深达 5 英尺或 6 英尺，这大大有助于其排水。蚯蚓洞穴能让空气进入地下，也有利于中等大小的根系向下穿透，而根系则会从衬垫洞穴的腐殖质中吸取养分。许多种子能发芽就是由于受到蚯蚓粪便的覆盖。深埋在蚯蚓粪便深处的其他种子则处于休眠状态。它们要一直等到将来某个时刻，上面的覆盖物被偶然除去之后，才能萌发。

蚯蚓的感觉器官很迟钝，尽管它们勉强可以区分光线和黑暗，但还说不上有什么视力。它们是十足的聋子，只具有轻微的味觉。不过，它们的触觉却相当发达，所以它们对外界的情况知之甚少。不过令人奇怪的是，它们在用粪便、树叶衬垫其洞穴和将粪便堆积成塔状结构时，却表现出特有的技巧。更令人吃惊的是，在封塞洞口的方法上，它们明显地表现出某种程度的智力，而不仅仅是本能的盲目行

① 硝化作用是指，异养微生物进行氨化作用产生的氨，被硝化细菌、亚硝化细菌氧化成亚硝酸，再氧化成硝酸的过程。——译者注

② 《科学杂志·动物学部分》，28 卷，1877 年，36 页。

为。它们的行为与一个必须用各种叶子、叶柄、纸三角形等去封塞圆筒管的人的行为几乎相同，因为它们通常攫取这些东西时总要咬衔住其尖端。它们还不像大多数低等动物那样，在任何情况下，动作都那么千篇一律。例如，它们并不衔着叶柄拖曳叶子，除非叶片基部跟叶尖一样狭窄或更为狭窄。

当我们眺望广袤的草原时，我们应该牢记，眼前的美景，主要应归功于蚯蚓缓慢地削平了大地的沟壑。想象一下，如此广阔的腐殖土层，每隔几年就通过了并仍将继续通过蚯蚓体内一次，这是多么地难以思议啊！耕耘一直被认为是人类最古老、最有用的发明之一，孰知远在人类出现之前，蚯蚓就已经在大地上辛勤“耕耘”许久了，而且还将持续耕耘下去。我很怀疑，还能有几种像蚯蚓这样的“低等”动物，在世界史上曾扮演了如此重要的角色。当然，还有更低等的动物（即珊瑚），在大洋之中建筑起无数的珊瑚礁和岛屿，完成了更加引人瞩目的工程，不过这些几乎都局限在热带地区。

译 后 记

舒立福

（中国林业科学研究院 森林生态环境与自然保护研究所 研究员）

· *Postscript to the Chinese Version* ·

《腐殖土的形成与蚯蚓的作用》一书，是达尔文在逝世之前的最后一部重要科学著作。它既是一份珍贵的科研报告，也是一份优秀的科普读物。达尔文根据自己或他人实地观察到的翔实资料，对蚯蚓的解剖学和生活习性、腐殖土形成的原因以及蚯蚓在古建筑物的保存、土地剥蚀等方面所起的作用进行了细致的阐述，并作出结论，成为一门学说。

少年

青年

中年

老年

蚯蚓改良表层土壤的作用及其与土地的关系，是英国伟大的博物学家达尔文继进化论之后的又一独创性发现。达尔文从青年时代起，就对蚯蚓产生了浓厚而广泛的兴趣。1837 年，在他 28 岁时开始研究腐殖土与蚯蚓的关系。达尔文仔细观察了蚯蚓所排出的粪便与形成腐殖土的发展过程，并在当年 1837 年 11 月 1 日的伦敦地质学大会上宣读了《论腐殖土的形成》这篇论文，论述了蚯蚓对土层的翻动和迁移的重要作用，当时引起了科学界的极大兴趣和争论，成为关注的对象。

此后达尔文继续对此专题进行了长达 40 多年的实验与观察。到了 1881 年 4 月 12 日，他终于完成了有关蚯蚓与腐殖土的书稿。达尔文立即将书稿邮寄给伦敦出版商约翰 · 穆里（John Murry），1881 年 10 月 10 日该书正式出版，当时销售了 2000 册，到 11 月份就售出了 3500 册。1881 年 12 月经过修订再版。

《腐殖土的形成与蚯蚓的作用》一书，是达尔文在逝世之前的最后一部重要科学著作。它既是一份珍贵的科研报告，也是一份优秀的科普读物。该书内容丰富，文字通俗易懂。达尔文根据自己或他人实地观察到的翔实资料，对蚯蚓的解剖学和生活习性、腐殖土生成的原因以及蚯蚓在古建筑物的保存、土地剥蚀等方面所起的作用进行了细致的阐述。

达尔文在本书《引言》一开始就写道，蚯蚓对于腐殖土的形成，有着很大的贡献，而这种腐殖土分布在全世界每个适度潮湿的地区。他接着又说，或许有人认为这个问题并不重要，殊不知确有关系。达尔文极为赞赏蚯蚓的地下工作，认为有足够多的事实证明，在世界绝大部分地区，以及在不同的气候环境中，蚯蚓在把优质土从地下运到地上这项活动中做了大量工作。

◀ 不同时期的达尔文画像。

在论述蚯蚓的习性时，达尔文长时间不厌其烦地观察了蚯蚓栖息的特征：可长时间存活水下，夜晚四处爬行，因常停留在洞穴口附近而被禽类大量啄食。蚯蚓没有眼睛，但可识别光的明暗，遇强光，迅速退缩，这一行为并非出于反射作用；有一定的注意力，对冷热敏感；全聋但对震动与触动均敏感；嗅觉弱，有味觉，有一定的智力特征。蚯蚓是杂食性动物，吞食前，先用胰液性质的分泌物浸润叶子，在前部的一对腺内形成石灰质凝结体，之后用以中和消化过程中产生的酸类。蚯蚓攫取物体的方式依靠吮吸力，具有封塞洞口的本能，在封塞洞口时表现出智力，能够用各种叶子及其他物体封塞洞口，在洞穴口堆积石子。蚯蚓钻洞穴时，把土推开并将其吞咽，因为它含有营养物质。洞穴里面用粪便填充，在洞穴上部用叶子填充，洞穴底部则铺垫小石子或种子。

在估算蚯蚓运到地表的细土量时，达尔文细致地测定了蚯蚓粪便覆盖草地上散布的各种物体的速率，并注意到人行道的埋没和地面大石头的缓慢沉陷；调查在一定区域内栖息的蚯蚓数目，观察一个洞穴和一定区域内所有洞穴排出土的重量；在均匀铺开的条件下，在一定时间内和一定区域内，测量蚯蚓粪便所形成的腐殖土的土层厚度。蚯蚓的主要工作是从较粗糙的颗粒中，筛选出较细小的颗粒，并全部与植物碎屑混合起来，用肠道分泌物来浸润。通过蚯蚓的作用，土壤确实会有所增加。

在探讨蚯蚓在古建筑物埋没中所起的作用时，达尔文旁征博引，认为大城市遗址上垃圾的积累与蚯蚓的作用无关。在研究了阿宾杰、彻得渥斯和布拉丁的罗马别墅的埋没，通过观察被蚯蚓钻洞的地板和墙壁、人行铺道的下陷、覆盖遗址的碎屑的性质和若干建筑物地基的深度之后，达尔文认为在英格兰的几个罗马古建筑及其他古建筑物的埋没这个问题上，蚯蚓起到了至关重要的作用。邻近高地的土壤被冲刷到低的地方以及尘土的堆积对古建筑物的埋没也起到了推波助澜的作用。灰尘容易在任何有残垣断壁露出地表的地方堆积，因为那里为灰尘提供了掩体。古老的房间、厅堂及过道的地坪一般都会下沉。这种现象的发生，部分是由于土地的沉降，但主要是蚯蚓在其下面钻洞穴导致的。这种下沉，一般在中间部分比靠墙部分要严重些。至于墙壁本身，只要它们的基础并不太深，都曾被蚯蚓穿入并且钻过洞穴，因此便下沉了。这样引起的不均等下沉，可以解释许多古墙上大裂缝的存在，以及古墙体由垂直变为倾斜的现象。

在论述蚯蚓在土地剥蚀中的作用时，达尔文列举了大量文献，证明土地历来经受大量剥蚀，认为腐殖土的暗色及细致结构主要归功于蚯蚓的活动。腐殖酸对岩石有分解作用，在蚯蚓体内也产生同样的酸类，土中微粒不断运动助长了这些酸的作用。厚腐殖土层会阻碍下层土壤及岩石的分解。在蚯蚓砂囊内磨损或磨碎的石粒，吞咽下的石子被用作磨石，蚯蚓粪便的磨碎状态，覆盖古建筑物上的蚯蚓粪便中的砖屑被磨得溜圆。因此从地质学的观点来看，蚯蚓的磨碎力并非毫不重要。新近排出的蚯蚓粪便，沿着倾斜的草所覆盖的地表流动，有助于土地的剥蚀。热带降雨对蚯蚓粪便的影响导致细小土颗粒完全从蚯蚓粪便中被冲洗掉，蚯蚓粪便化解为小丸粒，沿着倾斜地表向下滚动。部分原因是分解的蚯蚓粪便的堆积导致山坡小土堆的形成。

在最后一章《结论》中，达尔文联系到蚯蚓在世界历史中所起到的作用，认为蚯蚓有助于岩石的分解，有助于土地的剥蚀，有助于古代遗址的保存，有助于植物生长所需土壤的形成，并最终得出结论：蚯蚓具有一定的智力。任何广阔原野上的表层腐殖土，每隔几年，就曾经并且还将继续在蚯蚓的身上循环一次。耕犁是人类最古老和最有价值的发明之一。但是远在人类出现之前，土地实际上就已被蚯蚓定期地耕耘过，而且还将继续这样耕耘下去。他甚至怀疑在世界历史中是否还有许多别的动物也像这些结构低等的动物一样，起过如此重要的作用?

达尔文研究蚯蚓的实验方法也是丰富多样的，对蚯蚓的仔细观察，是从自家花盆里生长的蚯蚓开始。他发现，夜晚时分蚯蚓会用树叶、叶柄、松树针和其他微小的植物落叶堵上洞穴的出口。塞住洞穴口的树叶能够阻挡水流淹没洞穴，蚯蚓在洞穴内休息的地方正位于枯叶覆盖着的洞口的正下方。这为蚯蚓的洞穴找到了很好的覆盖物，有效阻隔了外界与洞穴通道的连接，还帮助蚯蚓躲避视觉敏锐的那些起早吃虫的鸟类。另一个不容易觉察到的好处是，它起到了一定的保温作用，覆盖在洞穴上的枯叶能够保留一部分蚯蚓洞穴内的热量，被拖曳到洞穴里的一部分植物叶还充当了蚯蚓的食物。

达尔文在研究蚯蚓拖曳枯叶填充洞穴的方式这一行为时，发现蚯蚓从地表拖到洞口的枯叶中有八成是叶尖先被拖曳进洞。对于尖端的比较宽大的物体来说，这是成功拖曳进洞穴内的最便捷的办法。蚯蚓拖曳松树针也另有一套行之有效的方法。达尔文收集了一把松针，并把它们撒在洞口附近，来观察蚯蚓将会如何处理它们。然而，达尔文并没有止于观察蚯蚓对松针的反应，被好奇心驱使，他剪出了很多不规则的三角形纸片，并和松针一样，将它们撒在蚯蚓洞穴口附近。待蚯蚓有所行动后，他对三角形纸片到底是被蚯蚓衔住顶角、斜边还是底边进行拖曳的数据进行了统计。达尔文试图通过这个实验证明蚯蚓的智力水平。

达尔文还在自家的地里发现，每隔一段时间就被拱到地表的物质，与几年前被一层散落地里的灰渣所覆盖的细土极其相似。由于那几年地里既没有养牲畜又没有种粮食，这片地应该毫无变化。达尔文开始坚定地收集并称量蚯蚓粪，以估测蚯蚓究竟翻动了多少英国乡村的土壤。达尔文最终得出结论，全英国的菜地已经多次经过蚯蚓的肠道，并将继续一遍遍地被蚯蚓吃进再排出。通过观察和整理自家的地，挖掘古代建筑遗址，以及直接称量蚯蚓的粪便，达尔文发现，蚯蚓的确在表土层的形成过程中起到了至关重要的作用，那些钻土作穴的蚯蚓都有吞食泥土的习性和消化泥土的本领。

达尔文观察到，蚯蚓除了能够磨碎叶片，还能够将小石块分解为沙质土壤。对蚯蚓进行解剖时发现，总是在其消化系统中发现小石头和沙粒。蚯蚓的胃酸与土壤中的腐殖酸成分相匹配，达尔文认为蚯蚓的消化能力与植物根系缓慢分解最坚硬岩石的能力相仿。蚯蚓通过缓慢地翻土、分解、再加工，以及将岩石与有机物质混合的一系列过程，能够制造新的土壤。达尔文还发现，蚯蚓不仅制造土壤，还促成了土壤的移动。他不停徘徊在被雨水浸透的自家地里，并观察到在雨水冲刷下，蚯蚓造就的这层土，即使沿着最平缓的坡度也能扩散开来。达尔文精心收集、称量并比较了不同位置的蚯蚓洞穴中涌出的粪便量，发现下坡侧的粪便是上坡侧的两倍。被蚯蚓拱到地表的物质向下坡方向平均移动了两英寸。仅仅通过挖洞，蚯蚓就使得土壤不断向下坡方向缓慢移动。

为了研究蚯蚓的听觉情况，达尔文曾做过一个非常有趣的实验，把养在自家花盆土中的蚯蚓放在钢琴上面。蚯蚓对弹琴的声音完全没有反应，但弹奏低音或者高音键时，蚯蚓迅速逃入土中。这可能是蚯蚓的触觉感到了振动而迅速逃走。

达尔文还详细记录了其他很有意思的实验。他的实验结果显示出土壤的形成与蚯蚓的长期转化是分不开的，发现了蚯蚓在土地中所起到的巨大作用。通过这些记载，可以看出达尔文小心谨慎及实事求是的治学态度。

然而这些重要成就，长期没有得到应有的重视，甚至还受到一些非难或嘲笑。例如，当时有一位叫度阿契亚克（M. D'Archiac）的学者认为，达尔文的见解是“奇特的学说”。另一位著名的学者菲什，对达尔文关于蚯蚓在土壤形成中出过一份力量的论断表示怀疑，认为蚯蚓没有能力来做这样大的工作。他认为，“考虑到其力量的微弱和身材的渺小，说这工作是由它们完成的，是非常可笑的”。但是达尔文没有被这些抨击所动摇。相反，他指出“这是人们对经常作用于土壤的因素所产生的结果，缺乏认识能力的表现”；同时指出“不重视微小因素的作用，忽视微小的规律，在科学上是很不应该的”。

“腐殖土”一词，达尔文在此书中所使用的英文名称为 mould 或 vegetable mould。但达尔文当时所称的腐殖土，大致是指地表的土壤，经蚯蚓的作用，成为以有机质为主的腐殖化的疏松土层。蚯蚓属于环节动物门（Annelida）寡毛纲陆栖无脊椎动物，在全世界广泛分布。除了在高寒、干旱、盐碱或植被破坏、强烈侵蚀的土壤中数量很少或没有被发现外，蚯蚓在各个国家的不同土壤中都有广泛的分布。蚯蚓是重要的生物资源，对土壤肥力、物质循环、环境保护都有重要作用。

早在一百多年前，达尔文曾经发现并指出蚯蚓在土壤形成和土壤翻动中的重大作用，但没有受到应有的重视。可以说，长期以来蚯蚓没有被人们充分认识和加以利用。一百年来，特别是近五十年来，世界各地日益重视蚯蚓，在达尔文研究的基础上，对蚯蚓进行了广泛的卓有成效的研究，并在农业及饲料生产方面进行推广应用，这恰好说明达尔文的研究论述的正确性。

译者从事林业工作，每次到林区都能够感受到蚯蚓在林下土壤中大量存在，尤其是大火烧过的区域，树木赖以生存的腐殖土被大量烧毁时。火烧过后，土壤中会快速出现大量的蚯蚓活动迹象，对火烧过的腐殖土起到修复作用。在查阅文献时，了解到达尔文对蚯蚓科学研究的细致和重要贡献，他严谨求实的科学精神深深触动了我，于是萌生了翻译达尔文著作的想法。

2016 年暑期，北京大学出版社陈静编辑与我聊起“科学元典丛书”达尔文经典著作系列，恰逢她拟组织重译《腐殖土的形成与蚯蚓的作用》。从讨论翻译到如今成书在即，不知不觉竟已近十年。此间，陈静编辑认真负责的工作态度，她对译者的高度耐心和及时支持，让我深受鼓舞，在此表示真诚的感谢。

本译本是根据穆里的英文版（1904 年）翻译的，书中的度量衡单位名称一律按照达尔文当时的历史情况，保持原样。翻译过程中也参考了舒贻上翻译的《植物壤土和蚯蚓》（中华书局，1954 年）和张永平翻译的《腐殖土与蚯蚓》（科学出版社，1995年），特向二位先生致以崇高敬意！由于本人水平有限，译文中肯定还有很多缺点和不足，敬请读者批评指正！

舒立福

2025.2

科学元典丛书（红皮经典版）

1 天体运行论 ［波兰］哥白尼
2 关于托勒密和哥白尼两大世界体系的对话 ［意］伽利略
3 心血运动论 ［英］威廉·哈维
4 薛定谔讲演录 ［奥地利］薛定谔
5 自然哲学之数学原理 ［英］牛顿
6 牛顿光学 ［英］牛顿
7 惠更斯光论（附《惠更斯评传》） ［荷兰］惠更斯
8 怀疑的化学家 ［英］波义耳
9 化学哲学新体系 ［英］道尔顿
10 控制论 ［美］维纳
11 海陆的起源 ［德］魏格纳
12 物种起源（增订版） ［英］达尔文
13 热的解析理论 ［法］傅立叶
14 化学基础论 ［法］拉瓦锡
15 笛卡儿几何 ［法］笛卡儿
16 狭义与广义相对论浅说 ［美］爱因斯坦
17 人类在自然界的位置（全译本） ［英］赫胥黎
18 基因论 ［美］摩尔根
19 进化论与伦理学(全译本)(附《天演论》) ［英］赫胥黎
20 从存在到演化 ［比利时］普里戈金
21 地质学原理 ［英］莱伊尔
22 人类的由来及性选择 ［英］达尔文
23 希尔伯特几何基础 ［德］希尔伯特
24 人类和动物的表情 ［英］达尔文
25 条件反射：动物高级神经活动 ［俄］巴甫洛夫
26 电磁通论 ［英］麦克斯韦
27 居里夫人文选 ［法］玛丽·居里
28 计算机与人脑 ［美］冯·诺伊曼
29 人有人的用处——控制论与社会 ［美］维纳
30 李比希文选 ［德］李比希
31 世界的和谐 ［德］开普勒
32 遗传学经典文选 ［奥地利］孟德尔 等
33 德布罗意文选 ［法］德布罗意
34 行为主义 ［美］华生

35 人类与动物心理学讲义 ［德］冯特
36 心理学原理 ［美］詹姆斯
37 大脑两半球机能讲义 ［俄］巴甫洛夫
38 相对论的意义：爱因斯坦在普林斯顿大学的演讲 ［美］爱因斯坦
39 关于两门新科学的对谈 ［意］伽利略
40 玻尔讲演录 ［丹麦］玻尔
41 动物和植物在家养下的变异 ［英］达尔文
42 攀援植物的运动和习性 ［英］达尔文
43 食虫植物 ［英］达尔文
44 宇宙发展史概论 ［德］康德
45 兰科植物的受精 ［英］达尔文
46 星云世界 ［美］哈勃
47 费米讲演录 ［美］费米
48 宇宙体系 ［英］牛顿
49 对称 ［德］外尔
50 植物的运动本领 ［英］达尔文
51 博弈论与经济行为（60 周年纪念版） ［美］冯·诺伊曼 摩根斯坦
52 生命是什么（附《我的世界观》） ［奥地利］薛定谔
53 同种植物的不同花型 ［英］达尔文
54 生命的奇迹 ［德］海克尔
55 阿基米德经典著作集 ［古希腊］阿基米德
56 性心理学、性教育与性道德 ［英］霭理士
57 宇宙之谜 ［德］海克尔
58 植物界异花和自花受精的效果 ［英］达尔文
59 盖伦经典著作选 ［古罗马］盖伦
60 超穷数理论基础（茹尔丹 齐民友 注释） ［德］康托
61 宇宙（第一卷） ［德］亚历山大·洪堡
62 圆锥曲线论 ［古希腊］阿波罗尼奥斯
63 几何原本 ［古希腊］欧几里得
64 莱布尼兹微积分 ［德］莱布尼兹
65 相对论原理（原始文献集） ［荷兰］洛伦兹 ［美］爱因斯坦 等
66 玻尔兹曼气体理论讲义 ［奥地利］玻尔兹曼
67 巴斯德发酵生理学 ［法］巴斯德
68 化学键的本质 ［美］鲍林
69 腐殖土的形成与蚯蚓的作用 ［英］达尔文

科学元典丛书（彩图珍藏版）

自然哲学之数学原理（彩图珍藏版）	［英］牛顿
物种起源（彩图珍藏版）（附《进化论的十大猜想》）	［英］达尔文
狭义与广义相对论浅说（彩图珍藏版）	［美］爱因斯坦
关于两门新科学的对话（彩图珍藏版）	［意］伽利略
海陆的起源（彩图珍藏版）	［德］魏格纳

科学元典丛书（学生版）

1 天体运行论（学生版）	［波兰］哥白尼
2 关于两门新科学的对话（学生版）	［意］伽利略
3 笛卡儿几何（学生版）	［法］笛卡儿
4 自然哲学之数学原理（学生版）	［英］牛顿
5 化学基础论（学生版）	［法］拉瓦锡
6 物种起源（学生版）	［英］达尔文
7 基因论（学生版）	［美］摩尔根
8 居里夫人文选（学生版）	［法］玛丽·居里
9 狭义与广义相对论浅说（学生版）	［美］爱因斯坦
10 海陆的起源（学生版）	［德］魏格纳
11 生命是什么（学生版）	［奥地利］薛定谔
12 化学键的本质（学生版）	［美］鲍林
13 计算机与人脑（学生版）	［美］冯·诺伊曼
14 从存在到演化（学生版）	［比利时］普里戈金
15 九章算术（学生版）	〔汉〕张苍〔汉〕耿寿昌 删补
16 几何原本（学生版）	［古希腊］欧几里得

科学元典·数学系列

科学元典·物理学系列

科学元典·化学系列

科学元典·生命科学系列

科学元典·生命科学系列（达尔文专辑）

科学元典·天学与地学系列

科学元典·实验心理学系列

科学元典·交叉科学系列

全新改版·华美精装·大字彩图·书房必藏

科学元典丛书，销量超过100万册!

——你收藏的不仅仅是“纸”的艺术品，更是两千年人类文明史!

科学元典丛书（彩图珍藏版）除了沿袭丛书之前的优势和特色之外，还新增了三大亮点：

①增加了数百幅插图。

②增加了专家的“音频＋视频＋图文”导读。

③装帧设计全面升级，更典雅、更值得收藏。

名作名译·名家导读

《物种起源》由舒德干领衔翻译，他是中国科学院院士，国家自然科学奖一等奖获得者，西北大学早期生命研究所所长，西北大学博物馆馆长。2015年，舒德干教授重走达尔文航路，以高级科学顾问身份前往加拉帕戈斯群岛考察，幸运地目睹了达尔文在《物种起源》中描述的部分生物和进化证据。本书也由他亲自“音频＋视频＋图文”导读。

《自然哲学之数学原理》译者王克迪，系北京大学博士，中共中央党校教授、现代科学技术与科技哲学教研室主任。在英伦访学期间，曾多次寻访牛顿生活、学习和工作过的圣迹，对牛顿的思想有深入的研究。本书亦由他亲自“音频＋视频＋图文”导读。

《狭义与广义相对论浅说》译者杨润殷先生是著名学者、翻译家。校译者胡刚复（1892—1966）是中国近代物理学奠基人之一，著名的物理学家、教育家。本书由中国科学院李醒民教授撰写导读，中国科学院自然科学史研究所方在庆研究员“音频＋视频”导读。

《关于两门新科学的对话》译者北京大学物理学武际可教授，曾任中国力学学会副理事长、计算力学专业委员会副主任、《力学与实践》期刊主编、《固体力学学报》编委、吉林大学兼职教授。本书亦由他亲自导读。

《海陆的起源》由中国著名地理学家和地理教育家，南京师范大学教授李旭旦翻译，北京大学教授孙元林，华中师范大学教授张祖林，中国地质科学院彭立红、刘平宇等导读。

第二届中国出版政府奖（提名奖）
第三届中华优秀出版物奖（提名奖）
第五届国家图书馆文津图书奖第一名
中国大学出版社图书奖第九届优秀畅销书奖一等奖
2009年度全行业优秀畅销品种
2009年影响教师的100本图书
2009年度最值得一读的30本好书
2009年度引进版科技类优秀图书奖
第二届（2010年）百种优秀青春读物
第六届吴大猷科学普及著作奖佳作奖（中国台湾）
第二届“中国科普作家协会优秀科普作品奖”优秀奖
2012年全国优秀科普作品
2013年度教师喜爱的100本书

科学的旅程

（珍藏版）

雷·斯潘根贝格　戴安娜·莫泽 著
郭奕玲　陈蓉霞　沈慧君 译

物理学之美

（插图珍藏版）

杨建邺 著

500幅珍贵历史图片；震撼宇宙的思想之美

著名物理学家杨振宁作序推荐；
获北京市科协科普创作基金资助。

九堂简短有趣的通识课，带你倾听科学与诗的对话，
重访物理学史上那些美丽的瞬间，接近最真实的科学史。

第六届吴大猷科学普及著作奖
2012年全国优秀科普作品奖
第六届北京市优秀科普作品奖

美妙的数学

（插图珍藏版）

吴振奎 著

引导学生欣赏数学之美

揭示数学思维的底层逻辑

凸显数学文化与日常生活的关系

200余幅插图，数十个趣味小贴士和大师语录，全面展现
数、形、曲线、抽象、无穷等知识之美；
古老的数学，有说不完的故事，也有解不开的谜题。

达尔文经典著作系列

已出版：

物种起源	〔英〕达尔文 著　舒德干 等译
人类的由来及性选择	〔英〕达尔文 著　叶笃庄 译
人类和动物的表情	〔英〕达尔文 著　周邦立 译
动物和植物在家养下的变异	〔英〕达尔文 著　叶笃庄、方宗熙 译
攀援植物的运动和习性	〔英〕达尔文 著　张肇骞 译
食虫植物	〔英〕达尔文 著　石声汉 译　祝宗岭 校
植物的运动本领	〔英〕达尔文 著　娄昌后、周邦立、祝宗岭 译祝宗岭 校
兰科植物的受精	〔英〕达尔文 著　唐　进、汪发缵、陈心启、胡昌序 译　叶笃庄 校，陈心启 重校
同种植物的不同花型	〔英〕达尔文 著　叶笃庄 译
植物界异花和自花受精的效果	〔英〕达尔文 著　萧辅、季道藩、刘祖洞 译　季道藩 一校，陈心启 二校
腐殖土的形成与蚯蚓的作用	〔英〕达尔文 著　舒立福 译

即将出版：

贝格尔舰环球航行记	〔英〕达尔文 著　周邦立 译